雪中行軍「鷲愕」の事實

――未曾有の大惨事はどう伝えられたか

川口泰英

北方新社

目次

第二章　「三本木へ抜ける説」再考

第三章　幸畑墓地は骨抜きか

附説　幸畑墓地に骨はあるのか

第四章　「幻の東奥日報」を推理する

第五章　「美談の真相」その後

はしがき

本書は、八甲田山雪中行軍の事件に関する、著者第四作にあたる。

第一作は平成一三年で『雪の八甲田で何が起ったのか』、第二作は平成二六年『後藤伍長は立っていたか』、そして第三作は平成二七年「知られざる雪中行軍」である。著者としては、この順に読んでほしいと思っている。あるいは、小説か映画を見ていた方が理解しやすい、とも思う。

その第一作は、一部で「画期的」という高評価を得たが、『遭難始末』ほか二書からの引用が多く、中にはいちいち引用回数を調べて批判する向きもあった。確かにその通りではあるが、著者が生まれる半世紀以上も前に起きた事件であり、「話を作らず資料で示す」という執筆方針からして、避けられないことだと自分では思っている。批判者に対しては「それさえ誰もやらなかったではないか」と言いたい気分であった。

この本、それでも当時の新聞資料も使っている。地方に住んでいたこともあり、地元紙はマイクロフィルムで閲覧可能であったが、その他の新聞についてはなかなか入手が困難であった。そんな中、青森市幸畑の旧雪中行軍遭難資料館にあった新聞記事が参考になった。

当時は十和田市に住んでいたこともあり、弘前隊の行軍ルートさながら八甲田を越えてこの資料館に通ったものだった。片道ちょうど一時間の距離にある。

ここは連隊長の官舎であったということだが、相当古い建物で、歩くと床がぎしぎし音を立てた。入口付近に当時の軍服（映画で使ったものらしい）を着たマネキンが立っており、来館者は一度は人の気配を感じ、ギョッと驚いたものであった。建物の作りは一風変わっていて、中の二部屋を回廊がぐるっと一周するというもので、なぜこんな構造にしたのかよくわからなかったが、ともかくあらゆる資料を壁面全体に貼り付けて掲示していた。中には教育勅語とか天皇一家の顔が描かれた掛軸のようなものまであって、明治という時代を感じさせていた。

その廊下に当時の新聞記事がところ狭しと掲示されており、これを目当てに何度も通った。廊下に立ってその新聞を読み、気になったものを手帳に書き写すのである。当時の新聞は文語体で旧仮名、旧漢字が使われており、印刷もよくない。さらには現在使われていない変体仮名というひらがなもあり、わくわくしながら読み進めながらも、忍耐のいる作業であった。時には、誰もいないと思われ、電気を消されることもあった。一度行くと、二〜三時間はこうしたことを続けたと思う。

管理人というか館長らしい人はまったく頑固な人で、こちらが質問しても自分が言いたいことだけを言って済まそうとする。そこでまた聞く。また同じように自分の言いたいことを言う。仕方なくまた尋ねると雷を落とすのである。「私はネー、二十数年ボランティアでやっているんですよ」と語気を荒げて、わざわざ足を運んで入館料を払った人を怒鳴りつけるのである。昔のカミナリ親父といったような人であった。聞くと、開館にあたり、学があるということで引き受けさせられたという。しかし、来館者に当ることもないだろう。この被害にあった人物を他に数人知っている。

こうしてやっとのことで館内の資料を手に入れ、それを元にして第一作を書き上げたのだが、意見された通り、当時の新聞を思う存分読んで当時の事情を知りたいという希望は出版後も持ち続けていた。それが叶ったのは、正直、第二作を出した後であった。ある熱心な研究家にお願いし、その提供を受けることができたのである。また、朝日新聞東京本社文化グループの鈴木繁記者からも協力を得た。地元紙と合わせてかなりの量の資料がそろった。

それを読み込むのは苦しくも楽しい作業であった。A3判に縮刷されているので字が小さく、判読には苦労したが、その反面、多くの発見があった。中でも、当時は他紙からの記事流用が当り前のように行なわれていたことが驚きであった。この読み較べの成果が今まで「謎」とされてきた資料の解明につながったのである。また、そんな中、地元の東奥日報が実に大きな役割を果たしていたことにも気付いた。そこから未発見の新聞記事を推理するという大胆というか勝手なことを思いついたのである。

一方、雪中行軍に関しては、かなりの俗説があることも気になった。青森第五聯隊は三本木を目指したというのがその一例で、これについては何度かすでに自著の中で書いているが、一日分の食糧(米)しか携行しなかったのだから、この一事からして一日行程であったことがわかるのである。思うに、青森隊は橇を放棄した時点で、残り時間はあと一日ほどしかなかったということになろう。天気がよければ足を伸ばすといった、そんなものではない。

そのほか、幸畑墓地には骨がないという「幸畑無骨説」や、美談の主人公は別人だったのではないかといった「真相」も、自分なりに話を展開してみた。十分な根拠を示したつもりである。

なお、本書では前書と同様、かなり多くの資料を載せている。特に第一章では、上下の二段組にして読み較べられるようにした。そのため、よほどの研究者でもない限り、読み込む根気が続かないおそれがある。一般の読者は上段の資料だけをまず読み進めていただきたい。これを書いた「驚愕子」なる人物がこの事件をどのように理解していたかを見ることで、事件の全体像がつかめると思う。当人自身、うまくまとめて読物にしようとしていたらしいことから、その跡を追うことで、明治時代にどのように受けとめられていたかがわかると思う。

本書は、一般の人に読んでもらえるよう留意した書いた。そのため学術研究書ではない。いわば「外史」といったものかもしれないが、時にはアカデミック（?）な専門家を遠慮なく批判している。偉そうに語ったところで、実はそうそう賢くもない学者が意外なほど多いこともこの雪中行軍の調査で知ることができたのである。

このことは、特に拙著第二作『後藤伍長は立っていたか』を読んでもらえればよくわかることになっている。この本はネットでは「中傷本」などと批判されたりしたが、実はこのほど日本図書館協会の選定図書に認定されたのである。つまりは、全国の図書館が図書を購入するにあたって良書として推薦されたということにほかならない。これにより、そういった批判こそ「中傷」になることが明らかになったと思う。相手が大学教授であれ医学博士であれ、事実と論理を駆使すれば、遠慮容赦なく叩くことができると知れたのである。著者本人はもとより出版社も実は出版後の成り行きを危惧していたのだが、まったくの杞憂であった。きちんと評価する人や団体があることに意を強くした。苦労が報われたような気がした。興味のある向きはこの第一作をお読みいただきたい。

さて、本書だが、先に述べた協力者に対する御礼の意味を込めて書いた。自分一人では到底ここまでは達することは出来なかったと思う。これまでいただいたご厚情に感謝するとともに、この雪中行軍の事件に関する解明がさらに進むことを期待したい。それこそ本書を書き上げた意義であり、世に問うた所以でもある。

装幀・著者

カバー資料・明治三五年当時の新聞資料（編集あり）

・『青森聯隊第二大隊雪中凍死始末録』

凡例

・本書において「雪中行軍」とは、明治三五年一月、青森第五聯隊第二大隊の一個中隊二一〇名が八甲田山で遭難した軍事演習のことを指す。これを「青森隊」と記した。
・同時期、八甲田山を逆方向から踏破した弘前第三一聯隊第一大隊の約四〇名の小隊を「弘前隊」とした。
・文中、固有名詞以外は旧漢字を新漢字で表記している。また、判読のため、句読点や振り仮名などを施した。
・変体仮名は現在使われているものに換えた。
・原則として人名は敬称を略した。
・長い書名または資料については、略称を用いたものがある。
・横書きの資料を縦書きに、また数字を漢数字にしたものがある。
・引用の際、判読不明のものは□□で示した。
・引用文中の◎などの記号は略したものがある。
・引用文中の傍点は原則として略した。
・表記の都合上、「かぎかっこ」を『二重かぎかっこ』にしたものがある。
・説明の関係で、前著と同じ引用をしていることがある。
・資料に傍線を施したものがある。

第一章　「驚愕」の事実

「軍を告発」？

映画『八甲田山』の公開は昭和五二年六月のことだからその三ケ月余り前になるが、雪中行軍に関する謎の資料がなぜか島根県松江市の寺院に残されていることが判明し、ちょっとした話題になったことがある。『青森聯隊第二大隊雪中凍死始末録』と題するもので、筆者は「驚愕子」とある（図1参照）。一見、おふざけのように感じられるが、中を読む限りではそうでもない。その「発見」については、同年二月二六日の『読売新聞』が「八甲田山死の行軍『秘録』見つかる」という見出しで伝えた。時あたかも映画『八甲田山』の前景気がさかんに煽られ、この「死の行軍」のことが持ち切りだったころである。

二日後の二月二八日、同紙は夕刊で再びこの話題を取り上げた。本文はほぼ同一で見出しと記事の順を変えた程度であり、おそらくは版などの都合により先の記事が伝えられなかった地方への措置であろう。ただ、こちらの方が「告発」という言葉を使い、糾弾の気が濃厚である。

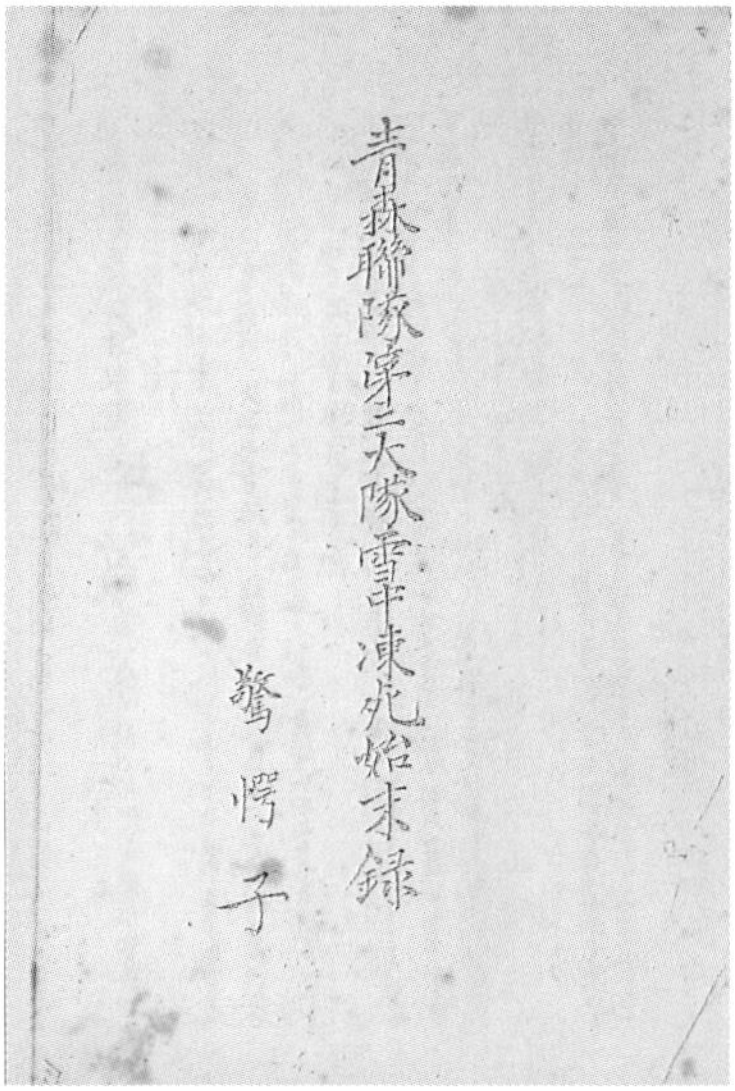

図　1

(1)　氷点下二十度、青森県八甲田山の酷寒と猛吹雪の中で、次々に倒れていった兵士百九十九人―明治三十五年一月二十三日の旧帝国陸軍第五連隊の遭難は、山岳史上最大の悲劇として、近く映画になるが、その真相をつづった〃秘録〃が、このほど松江市内の寺でみつかった。かつてない不祥事に、当時の軍は非難を避け威信を保つために〃正式記録〃として「遭難始末」を公表、軍にとって不利な部分をヤミに葬った。しかし、これより二か月早く書かれた〃秘録〃には軍への痛烈な批判や極秘事項まではっきり書かれている。歴史の真実は七十五年後の今、ようやく告発された。

「松江市内の寺」とは真言宗成相寺のことだが、関係者はなぜこの資料がこの寺にあるのかまったくわからないという。

二八日号にはこうある。

(2)　池本住職（四〇）はまったく知らず、かわって母智恵子さん（六〇）は「昭和十七、八年ごろ、寺の庫裏を掃除したところ、他の雑記類とともに見つかり、先々代の智海上人（昭和三十年没）から、大切な物だから隠しておくようにいわれ、事情も聞かずに保存していた」という。筆者の「驚愕子」が何者なのか、いつ、どのような理由で寺に持ち込まれたのかわからない。

同紙は、映画の原作者・新田次郎の話も載せた。

(3)

貴重な記録が遠く離れた松江で、軍の目にも触れずよく残っていたものだ。驚くほかはない。驚愕子と名乗る筆者はだれなのか、想像もつかないが、人命《ママ》や日程、地理的な記述の正確なところから、おそらく救援に参加したか、関係のあった将校だろう。（中略）もし取材中にこの〃秘録〃を見ていたら、もっとよい作品が書けたかも知れない。　　――一二月二八日夕刊

いわば太鼓判、あるいは品質保証と言ってもいい。なお、「人命」は「人名」の誤りらしい。ではその〃秘録〃、どういうものかと言えば、二つ折りの和紙三十三頁を和綴じにしたもので、細かい文字でびっしりと墨書されている。几帳面といってもいいほどで、相当の熱意が感じられる。その中、(1)「軍への痛烈な批判や極秘事項まではっきり書かれている」とか、(3)「軍の目にも触れずよく残っていたものだ」という叙述からすると、当局の目から逃れ、なんとか筆者の知りえた「歴史の真実」を読む者に伝えようとした使命感のようなものさえ感じられる。だからこその〃秘録〃なのだろう。

こうした「軍への痛烈な批判」については、『始末録』冒頭の、

(4) 是れ実に天災に起因すと雖《いえど》も、又当事者が過失も亦《また》預つて力ある処の悲しむべき出来事なりしなり。

といった記述からも推知される。「当事者が過失も亦預つて力ある」とはよくぞ軍隊に物申したということだろう。後に詳述するが、本文中に、「遭難隊の過失」という一項を設け、

(5) 遭難隊が地図を携へざりしことを参謀本部の田村少佐に第五聯隊は甚《はなはだし》く詰叱せられしといふ。

と記したことからもそれがわかる。「軍を告発」と見出しを掲げ、(1)「歴史の真実は七十五年後の今、ようやく告発された」と記した所以であろう。

なお、(1)に〃秘録〃が『遭難始末』より「二か月早く書かれた」とあるが、第五連隊の公式事故報告書というべき『遭難始末』が出版されたのは事件から半年後の同年七月二三日である。『青森聯隊第二大隊雪中凍死始末録』（以下、『始末録』と略す）は末尾に「五月十五日ニ記ス」とあり、その後に「五月二十日後四名発見し四名未発見」と追記されていることから、このころに書かれたものと推定される。

人名の誤り、なぜ？

⑶「人命《ママ》や日程、地理的な記述の正確なところ」と新田は述べているが、実はそうではない。⑶「救援に参加したか、関係のあった将校だろう」とはいうものの、関係者では考えられないほどのミスを犯しているのだ。これがわからない。

具体的に数例あげると、大隊長の「山口鋠」を「山口鍼」に、「友安第四旅団長」を「長友第四旅団長」に、「川和田少尉」を「原田大尉」、「三神少尉」を「三上少尉」と間違っている。「三上」くらいであればともかく、大隊長の名前を間違っているのは解せない。「少尉」を「大尉」としているのも同様である。新田は、⑶「救援に参加したか、関係のあった将校だろう」と推測するが、第五連隊に所属する将校がこうした間違いを犯すとはとても考えられない。

実はこの『始末録』の資料については先行研究がある。弘前大学医学部の松木明知という教授が二〇〇四年の一〇月、『雪中行軍山口少佐の最後』を出版しているが、同書二一五頁以下に次のように記している。

> ⑹「驚愕子」が第五連隊の将校であればこのような関係者の名前を誤ることはないと思われる。敢えてわざと誤って記した可能性も考慮に入れる必要もあろう。とすれば、少なくとも当時の

第五連隊本部、衛戍病院において事務的処理を行っていた担当者ないしその関係者ではないかとも考えられる。

「可能性」とか「考えられる」という記述は蓋然性とは無関係に使える言葉だが、「敢えてわざと誤って記した可能性」については、ゼロとは断定できないという程度ではないか。意図的な誤記をする必要はどこにあるのか。むしろ部外者だからこその記載ミスといったほうが近いと思う。

第五聯隊第二大隊の將校下士卒合計二百十五名は二十三日八甲田山下田代村に向け大隊長少佐山口鋠之を引率し一泊の豫定にて雪中行軍を為したるが翌二十四日途に歸隊せず二十五日も其消息に接せざりしを以て師團は大に心配して其日搜索救護隊を發したるに茂野木村に於て下士二名と大尉神成文吉の積雪中に凍え倒れ居りしを發見したり然るに一名の下士は終に死去し他の一名は僅かに蘇生し大尉は容體危篤なり蘇生したる下士の言に據れば大隊は茂野木村より約三里を行進したる處にて前進を中止し

資料2　3行目に「山口…」とある

なぜそういえるのか、その解明のきっかけは「長友旅団長」にある。「友安」をなぜ「長友」と誤ったのか。これはおそらく「第四旅団長友安…」という文を、「第四旅団」で区切り、次から「長友」と読んだため「友安」ではなく、「長友」と誤ったのではないか。これだと考えられなくない。(6)「第五連隊の将校であればこのような関係者の名前を誤ることはないと思われる」はその通りで、であればこの記載をしたのは「第五連隊の将校」以外となろう。

また当時、「三上」と記した新聞が複数あったことも参考になる。一月三〇日の『東奥日報』号外や、同日の『東京朝日』にも「三上」とある。二月三日の『時事新報』も同じ。ただし、同紙には「三神」もある。他紙も同様で、諸紙で混用されていたのである。さらに前述の「原田」も、二月一日『時事新報』を初め、当初はそう伝えられていたのだ。「山口鋮」も『時事新報』があやしい。一月二九日号第三面「行軍兵二百九名凍死の公報」の記事に記された山口大隊長の名は印字不鮮明で、これでは「鋮」と誤解されかねない。(資料2参照)すると、「驚愕子」は『時事新報』を読んでいた、ということにならないか。

地図は受け売りか

この推理は、『始末録』に掲げられた遭難地の地図でさらに確度が高くなる。ここで再び(3)を掲げる。「驚愕子」について、

(3) 地理的な記述の正確なところから、おそらく救援に参加したか、関係のあった将校だろう。
——二月二八日付『読売新聞』夕刊

これには疑問がある。

図3は「驚愕子」の『…始末録』に掲げられた地図。図4は二月二日付『東京日日新聞』第四面の「行軍大隊遭難地の図」。一見して関連が理解できよう。相違点は図3には里程が記されている

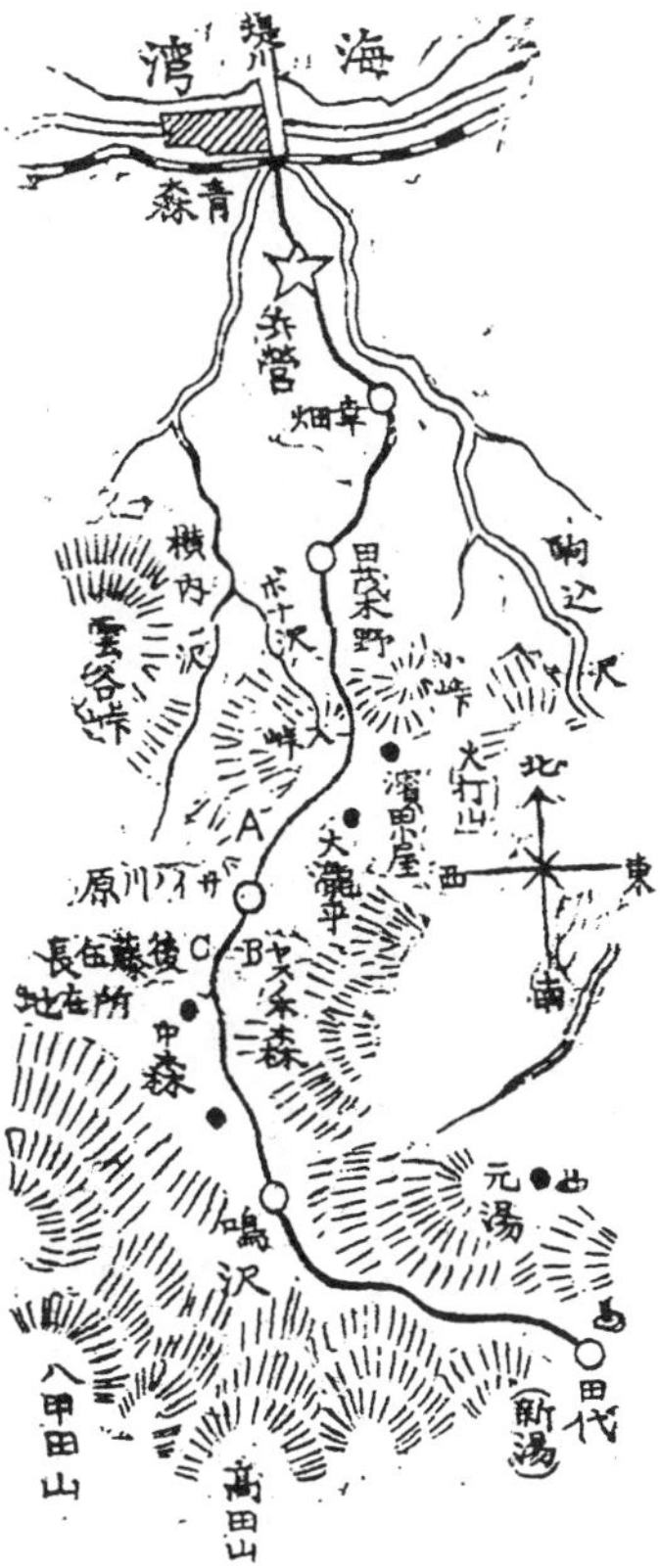

図4

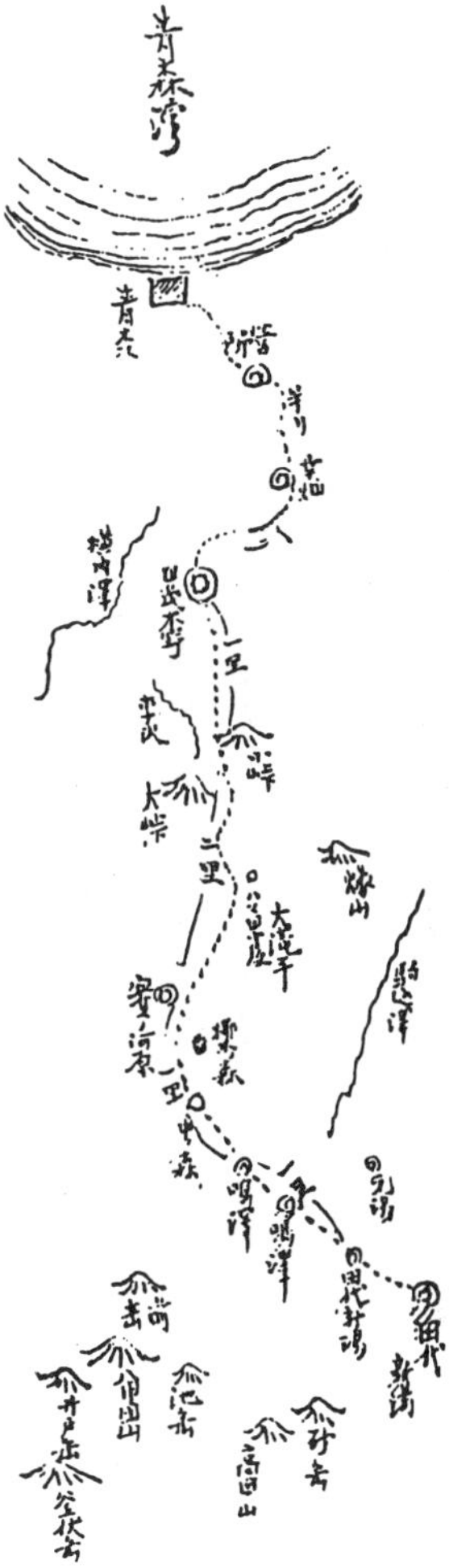

図3

ことと、八甲田山の個々の名称が記されていることである。里程については、図4が掲載された同じ紙面に次のような解説が載っている。

(7)
青森兵営は市の南方にあり。兵営よりして南東半里を幸畑とし、田茂木野までは約一里程にして、田茂木野より小峠までも同じく一里なり。此峠に行軍隊の昼食せし形跡あり。火打山の右方に番屋あり。此地より大瀧平までも亦た一里程にして、賽の河原の右方は行軍隊の露営地ならん。されば此処最も多くの屍を埋むるなるべし。…露営地より鳴沢までは一里にして、それより田代に至る一里程の道路は却て比較的坦路にして、田代には優に二百名を収容し得るの家屋ありといふ。

これにより里程の問題は解消されたといっていい。

続いて八甲田山の仔細についてだが、まず八甲田山は一群の山々の総称であることを理解する必要がある。詳しい個別の名称については、図5の二月一日付『岩手日報』が伝えている。天地を逆にして河川図を加えればほぼ図4が出来あがり、東西南北の四方位の表示も共通している。驚愕子が図4と5を見ていたなら、自らの『始末録』の図3は書けたと思われるが、実は図5以前に図6が一月三〇日の『東奥日報』号外に記されていたのである。驚愕子がこうしたことを知っていたかは不明だが、一連の地図のオリジナルは図6と考えていいだろう。

同号外にはこうある。

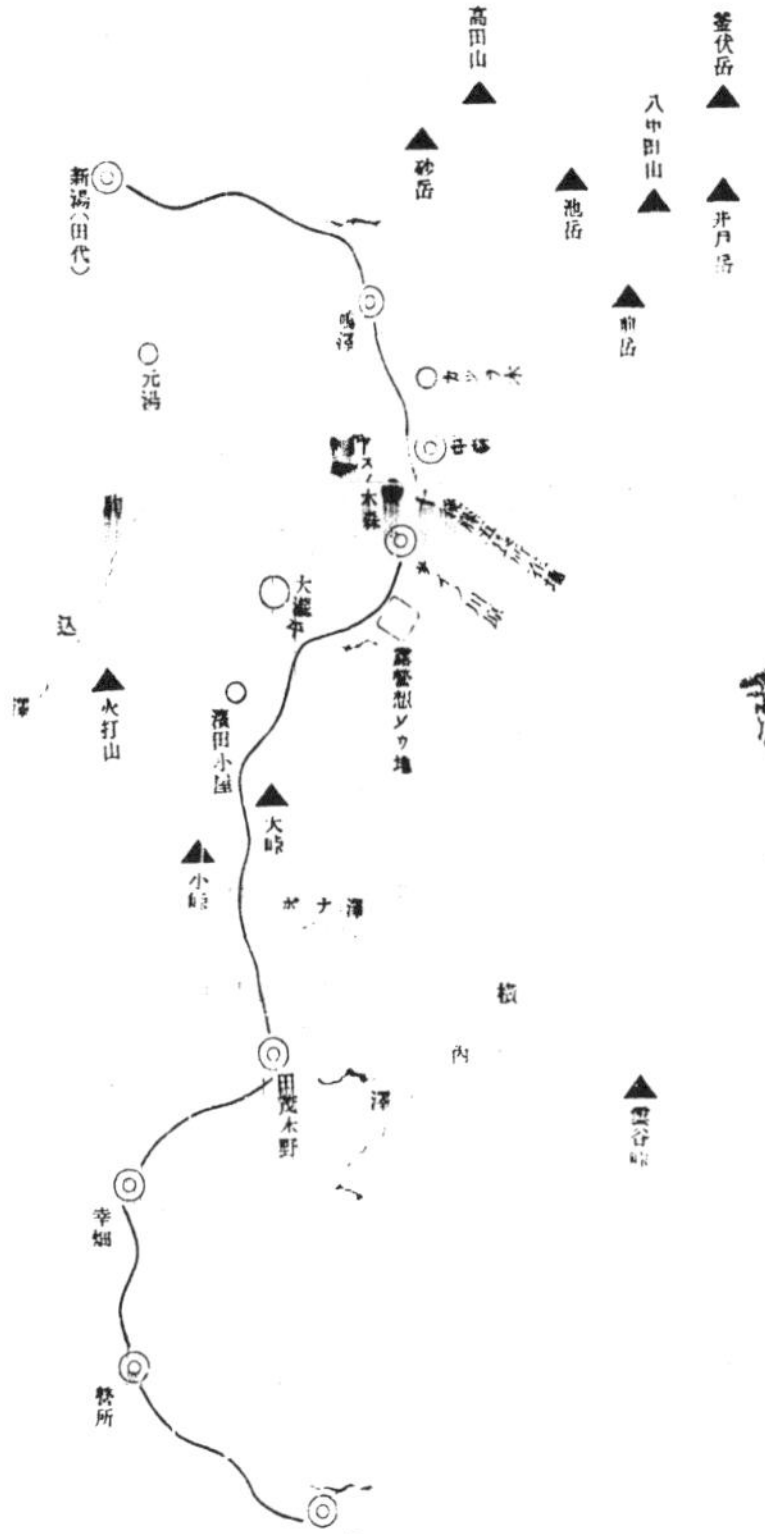
高田山
釜伏岳
八甲田山
砂岳
池岳
井戸岳
前岳
新湯（田代）
鳴沢
火打山
大峠
小峠
田茂木野
幸畑
青森

図6

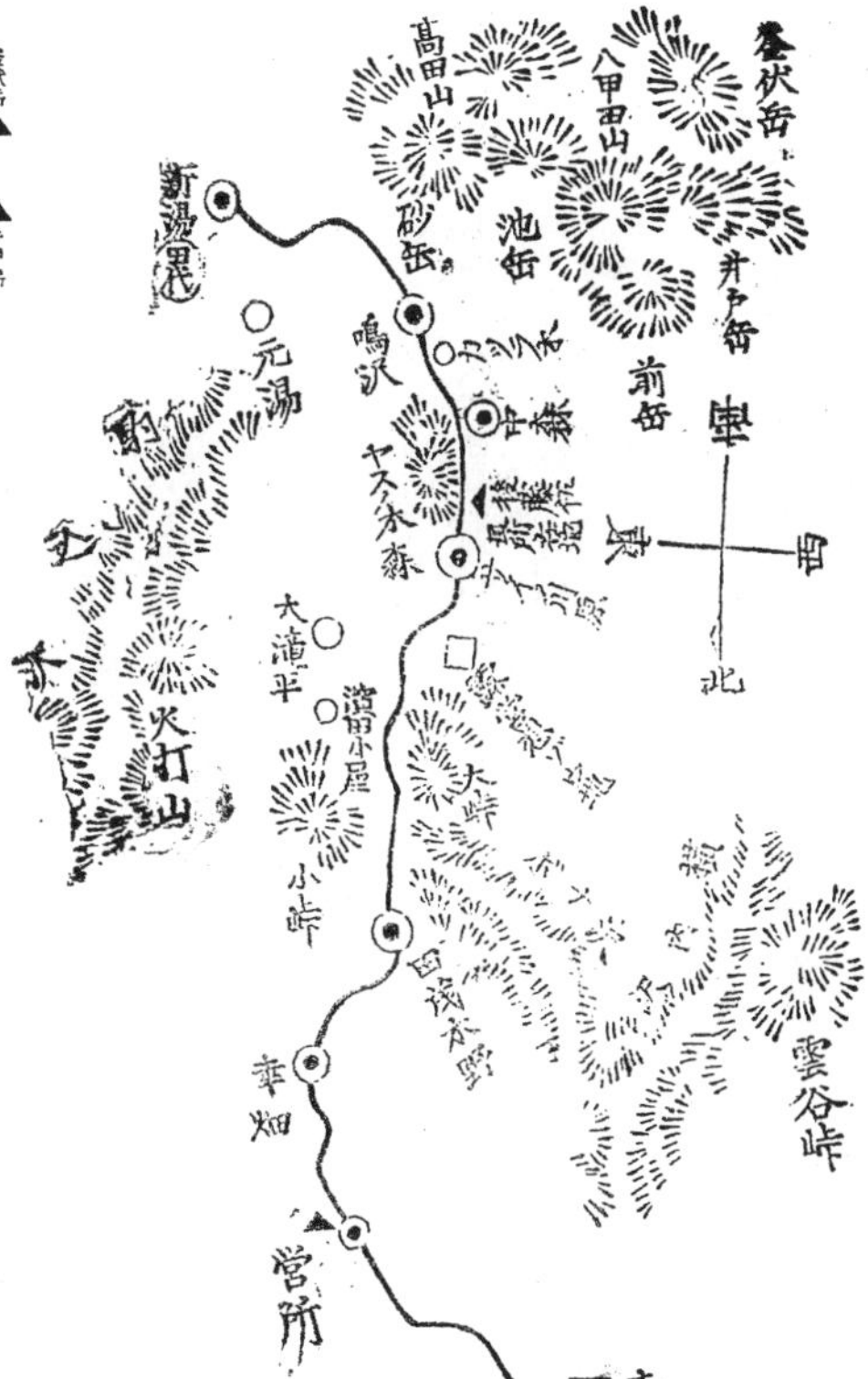
釜伏岳
高田山
八甲田山
砂岳
池岳
井戸岳
前岳
南
東
西
北
新湯
鳴沢
元湯
中森
ヤス木森
大滝平
火打山
大峠
小峠
幸畑
営所
雲谷峠
青森

図5

⑻　営所より幸畑迄は半里。夫《それ》より田茂木野迄一里。田茂木野より小峠まで一里。小峠にて雪中行軍隊が登山の際、昼食せし形跡あり。火打山の右方に番屋あり。小峠より大瀧平まで一里。賽の川原の右方は露営地ならんと想像せらる。多分此の辺に多くの屍体あるべしと思はる。…露営想像地より鳴沢まで一里。此の近傍より田代に至たるには道路も余程楽なりと。鳴沢より田代までは一里にて、田代は優に二百名の人を収容するに足るなりと。

⑺と⑻の関連は疑いがない。『東京日日』は『東奥日報』を読んで記事を書いたに違いないが、驚愕子がどちらを見たかは不明である。しかし、驚愕子が当時の新聞を読んで『始末録』を記したのはまず確実だろう。その最たる根拠は、図3の「ボナ沢」にある。二月一日付『時事新報』の三面には「ボノ澤ボノ平」という記述があり、これはおそらく今でいう「ナントカ沢」の意味と思われる。漢字を使えば「某ノ沢」となるのではないか。思うに、どの沢を「某ノ沢」と記すかは原表記者の専権事項で、図3と図4の同一箇所にこの「ボナ沢」（ボノ澤）が出て来るのは、引き写しとしか考えられない。これらのことから、驚愕子の図3はオリジナルではないと判断し得る。

次に附記するが、実は「驚愕子」の『始末録』は、昭和五二年三月一五日付『読売新聞』夕刊に全文が活字化され掲載されているのである。翌一六日の同紙にもあるが、これは夕刊のない地域向けのものであったらしい。ただ、この活字化にあたり同紙は原稿の掲載順を誤っているので注意されたい。

さらにこの活字化された『始末録』に掲げられた遭難地の図において、読売新聞はオリジナルの図を一部改竄している。つまりは、本来の図では「鳴沢」と「田代新湯」の地名がそれぞれ重複記載されている（図3参照）のに、その重複を解消させているのだ。些細なことかもしれない。親切心でやったことかもしれないが、これでは読者は驚愕子の原表記を知ることが出来なくなる。

「驚愕子」は誰？

この『始末録』が世に出て半月あまり後の昭和五二年三月一六日、『読売新聞』島根版は「池本住職方には全国各地から感激の電話や、研究のため始末録の閲覧申し込みなどの手紙が相次いでいる」ことを伝えた。次は同紙。

⑼ 中には、事件の舞台になった青森市から死の行軍の真実を伝えるため、私費百五十万円を投じて「吹雪の惨劇」六部作のうち二部まで出版している小笠原孤酒さんや青森県の近代史を研究している同県十和田市の郷土史家から「事実を一つでも知りたいので、ぜひコピーして送ってほしい」と依頼してきた。

雪中行軍研究の大先達・小笠原孤酒がここでも顔を出している。ただ、『吹雪の惨劇』は「五部連作」とも、「三部作」とも伝えられていることを記さねばならない。
同記事にはこうもある。

⑽ 小笠原さんは遭難隊の逆コースを歩いた弘前第三十一連隊が、遭難現場を通過したことにほぼ確信を持っていたが、絶対の証拠として「鷲愕子」の記録が現れたことに大きな期待を寄せている。

二隊の遭遇問題については、現在では決着がついている。著者既刊の三書をお読みいただきたい。さて同紙は、この「鷲愕子」についても推測記事を掲げている。

⑾ 想像をたくましくすれば、将校だった鷲愕子が、明治三十八年に創設された松江の歩兵第六十三連隊に転属したとき智海上人と知り合い、遭難者への供養の意味もこめて寺へ預けたのではないかとみられる。

新田次郎の、⑶「おそらく救援に参加したか、関係のあった将校だろう」という推測をさらに進めた考え方だが、一理あるように思えた。ただ、それでは事件のあった明治三五年から同三八年までの三年間はどこでどうしていたのか、そしてなぜ『始末録』が五月下旬で終わっているのかが説明できない。全遺体の収容（五月二八日）まで記して不都合はないだろうし、七月二三日の弔魂祭の記載もあってしかるべきだと思う。『読売新聞』は「正式記録」である『遭難始末』より二カ月早く書かれたことに重きを置き、〃秘録〃たらしめているが、これは一つの見方でしかない。だいたい「驚愕子」というのも人を食ったような名前で、「びっくらこ」とでも仮名を振りたくなるが、もしかしたら「事件に驚愕した者」という自称のほか、「我が名を知れば皆が驚くであろうというほどの者」という意味かもしれない。

この筆者探しについて、昭和五二年八月一六日の『読売新聞』島根版は「ナゾの筆者　私の父では…」との見出しを掲げ、東京から訪ねてきた人がいるという記事を載せたが、結局、「残念、決め手はなし」ということになっている。

すでに記したように、「驚愕子」は当時世に出た新聞記事を収集して読み『始末録』を著わしたのではないか、と本書の著者は見ている。言うなれば、市井の好事家の所業であり、できるだけ多くの新聞や小冊子を集め分析することで事件の再現を図ったのではないか。遭難地からはるか遠い島根県松江市にいて、そこから一歩も外に出なくても書けたのではないか。さらには「軍を告発」とはいえ、当時はそんなことはさして遠慮もせず新聞に書かれていたはずだ。といったことを示すとともに、現代の多くの者、特に左傾文化人が堅持してはばからない、昔の日本とりわけ軍隊を否定的に見る先入観に疑問を呈することも念頭に入れて、本章は書かかれたのである。

以下は、自製の仮説を裏付けるべく目指したその結果報告といっていい。

採録にあたり、見出しは原著者が附けたものをそのまま使用した。また、説明のため、ナンバーを打ち、傍線をつけた。（　）つきの数字は説明のためで、『始末録』とは関係ない。

（序文）

『始末録』は冒頭、数行の序文で始まる。見出しはないが、内容からそう判断した。

1　茲《ここ》に、我邦明治初年に師団設置せられたる以来、未曾有の惨事が青森市なる第五聯隊に於て起りたり。是れ実に天災に起因すと雖も、又当事者が過失も亦預つて力ある処の悲むべき出来事なりしなり。今、左に事実の顛末を録すべし。

上段は『始末録』の記述。その原資料と思われる当時の新聞記事を下段に掲げた。以下も同様。『始末録』の本文は適宜細分化したが、省略はしていない。

ただ、1はいわゆる序文で、著者のオリジナルの文章と考えられ、拠るべき新聞資料は見当たらない。が、1のポイントは傍線部の「当事者が過失も亦預つて力ある」であろう。既述のように、これをもって「告発」などとしているが、当時の新聞は至極真っ当な批判をしていることを指摘したい。次は二月九日付新聞『日本』の二面。「三浦生」の署名が入った記事である。

2　五聯隊の行軍際は兵士は悉《ことごと》く他県の出身にして、将校は多く地理に暗らし。而して地図を携帯せず、案内者を雇入れず、危険の地に行軍す。之を称して適当なる処置と云ふを得べき乎。之を称して算あり謀ありと云ふを得べき乎。吾人は此に至て津川聯隊長の答弁を聞かんと欲するや切なり。

このほか、他紙では、厳寒期だから時季不適、準備・経験の不足、携行食料の不十分、退くべきところを猛進した、連日しきりに払暁前から彷徨した、隊伍を解いて任意解散をした、救援の遅延、といった批判がされている。これらの多くは『萬朝報』が伝えているが、二月六日の『東京朝日』に至っては将官を「無能」呼ばわりしている（拙著『雪の八甲田で何が起ったのか』に記載）ほどで、1のように「過失」を批判したところでニュースではないのだ。

軍略上の雪中行軍開始

3　第五聯隊第二大隊は、雪中大行李を運搬しつ　・…同隊は雪中大行李を運搬しつゝ如何に行軍

ゝ如何に行進し得べきかを研究するの目的を以て、先づ其予行々軍として明治三十五年一月十八日、第二大隊長山口少佐は部下神成大尉に一ケ中隊を率ゐしめ、ガンヂキ隊を先頭とし、三、四尺の雪を踏みて田茂木野近傍まで行軍せしめたるに、良結果を得たるを以て愈《いよい》よ本行軍を実行することゝ為したり。第二大隊より選抜したる将校下士卒及び各大隊の（第五聯隊の）長期下士三十五名総員二百十一名の行軍大隊を編成し、大隊長山口鋮《ママ》之が指揮官となり一月二十三日午前七時に某営所を出発したり。其行程は五里半を距《へだた》る田代温泉場に至りて一泊し、夫より三本木野に出でゝ翌二十四日帰営するの予定にてありき。食料は精米六合、缶詰・漬物之に副ひ（一日分）、外に道明寺糒《ほしいい》一日分と餅六個づゝとを各人に携帯せしめたり。又、炊爨《さん》具として、釜、燃料として炭四十五貫、薪六十貫、運搬

し得べきかを研究するの目的にて…東朝30

・山口大隊長此計画を実行するため、去る十八日、神成大尉に一中隊を引率せしめ、カンヂキ隊を先鋒となし予行行軍を為せり。此日晴天にして風なく、雪は三尺より四尺の高さなりしかば、神成中隊は田茂木野近傍まで行軍し、良結果を得たり。日本3

・第二大隊より選抜したる将校下士卒及び各大隊の短期下士三十五名を以て行軍大隊を編成し、大隊長山口歩兵少佐之れが指揮官となり、二十三日午前七時、営舎を出発したり。行程は八甲田山麓なる田代村に至りて同所に一泊し、夫より三本木に向ふ予定にて、携帯せる食糧は一日分の外、道明寺糒一日分と餅若干とあり。東朝30

・食料は精米一人につき六合、缶詰肉三十五匁漬物六貫匁、携帯糒一日分、餅各六個〔一個約五十匁〕。炊具并《ならび》に雑具は釜並ニ附属品…

具として橇《そり》を用ひ、踏雪用としては四十個のガンヂキを携へたり。　燃料は薪六十貫匁…運搬具は橇十五台…踏雪用としてカンヂキ四十個等なりし。東朝6

「驚愕子」が「東朝」つまり『東京朝日新聞』を読んでいたことはほぼ間違いない。なお「日本」はそういった名称の新聞のこと。そのほか本書では「東日」（東京日日）、「萬朝」（萬朝報）といった略称を使用している。それに続く数字は発行日で、この数字が27～31の場合は明治三五年一月の日付、それ以外は同年二月の日付を示す。

3の「山口鉞」は既述したが、ここで問題になるのは、「総員二百十一名」と「三本木野に出で〻翌二十四日帰営するの予定」の二点である。前者については、二八日午後〇時八分、津川聯隊長が打った公電（公用電報）に次のようにあるからではないか。

4　過ル二三日、当隊第二大隊山口少佐以下二百十一、雪中行軍ノ為メ一泊ノ予定ニテ田代ニ向ヒ出発セリ。

当初複数の新聞がこの数字を伝えていたのであった。後藤伍長を含めて総員二一〇名なのに、附加してしまったものと思われる。

後者については、同紙を除くほとんど全てが、4のように「目的地田代で一泊、翌日帰営」を伝え、「三本木に出る説」は採っていない。このことについては、第二章で詳述する。

5　一隊の遭難

出発の日は天候穏かにして、少しづゝの雪は絶へず降り居りしが、一隊は勇ましく発足し、ガンヂキ隊の三人づゝを一列として先頭たらしめ、田茂木野を通過して小峠にさしかゝり山上にて昼飯を為したり。小峠よりはつまさき上りとなり、歩行大に困難を加へたり。

然るに、間もなく大吹雪となり面を向け難くなりたれば、最初より六十名の兵卒をして曳かしめたる処の糧食薪炭を載せたる橇をば雪中に投棄して各自に行李と共に之を背負はしめて行進を継けしが、一行中には困難に堪へずして田茂木野へ引返すべしと注意するものありしも、此時既に田代迄は一里余りの処迄来りしことゝて、今更退くも如何あらんとい

・当日の天候は比較的良かりしも、雪は絶えず降り居りしと…屯営より幸畑まで故障なく進行したるが…ガンヂキ隊は三人一列となり…田茂木野を越え約一時間程進みたるに…小峠…山上に引き揚げ、此処にて昼食を済まし、猶《なお》行軍を続行せしに、暫《しばら》くにして天候忽《たちま》ち変じ烈風雪を吹き、面の向くべきなく…日本3
・六十名の兵にて糧食・薪炭を積める橇を曳かしめしが、橇も通せずなりしより、各自は行李と共に之を背負ひ、辛くも露営の場所まで来り…（中略）一行中には困難に堪へず、田茂木野へ引還すべしと主張するものあり。されど、此時、既に田代までは半以上も来りしことゝて、今更退くも如何あらんといふもの

ふもの多数を占め、結局、死を決して進むことゝ為して行進を継続せり。然るに、一行は不幸にも道を誤り其左すべきを右に行きたる為め、或る谷間に墜行《おちゆき》たり。此時、已《すで》に多数の凍傷者ありて進退自由ならざりしより退却することに決議し、山口大隊長は直ちに命を下て田茂木野に引返さんとしたり。然れども此命令已に時機に後れ、救ふべからざる惨状に陥りしこそ遺憾なれ。

斯《かか》れば、一隊は直ちに方向を返して元来し道に向はんとするに、道は忽《たちま》ち雪に埋り、今来し道さへ明ならず。日も亦暮に迫り、寒気は愈よ猛烈にして疲労も一倍加はりしかば、露営の設計を為さん為め、設営隊として曹長に兵五、六名を附して先発なさせしめたれども、紛々たる飛雪の為めと黄昏《たそがれ》に向ひし為めとにて其影を見失ひ、止むを得ず自ら露営せり。露営地は比較的暖かにして、一帯の森林あり

多数を占め、結局、死を決して進むこととし、行進を継続せり。然るに一行は不幸にも道を誤り、左に行くべきを右に出でたるため、大瀧という谷間に落ち行きたり。此時既に多数の凍傷者あり。身《ママ》体自由ならざりしより、茲に初めて退却のことに意を決し、山口大隊長は直に命を下して田茂木野に向はしめたり。されども、此命令既に時機に後れ、遂に拯ふべからざる惨況に陥りしこそ遺憾なれ。一隊は直に方向を転じ、元来し田茂木野に向はんとせしが、道は忽ちにして吹雪に埋まり、今来りし道さへ明かならず。斯るうちに日暮れ、寒気と疲労一倍に加はりしかば、已むを得ず其儘露営することゝなせり。東朝31号外

・露営の設計を為さしめんため、設営隊（曹長に兵五、六名）を先発したれど、紛々たる飛雪と日暮の刻なりしにより、遂に設営隊を見失ひ、止むなく自ずから露営せり。日本3

き。後に思へば甲田の裾なるべしと。露営の状況は雪穴を掘り雪堤を築き全隊を小部隊に分ちて其中に宿せしめたり。大隊本部も亦、同じく大樹の下に露営せり。

午後九時頃、風雪甚しからざれば火を焚かんとして手套を脱したるに、忽ち青色となりて凍傷するより大に困難したりが、炊事場を設けん為め雪を掘ること丈余に及べど土に達せず。依て其まゝ雪にて竈《かまど》の形を造り釜をかけ僅に枯枝を取りて燃しても、下に雪あれば温度不充分にして埒明かず。漸くにして半熟の飯を炊《かし》ぎて其日の夕食を済《な》したり。又、凍固したる餅を焙《あぶ》りて食はしめたり。

6

二十四日

寒気酷冽なる雪中にあつて不完全なる露営を為すの危険を慮り、午前二時頃より大隊長全

・露営の状況は先づ其雪を掘り大いなる穴に造り、其周囲には雪塊を積み重ねて風雪の防ぎとなし、全中隊を各々小隊に編成し、各そこに宿ることゝなり、携帯せる炭を焚き、僅かに暖をとるべく設備したり。大隊本部も亦同じく大樹の下に露営せり。午後九時、風雪も甚しからざりしかば、晩飯を食せんため、炊事場を設けんとて雪を掘る丈余に至れど土に達せず、また枯木の枝をとりて燃さんとせしも、下には雪ありて一定の温度を与ふる能はず。遂に完全なる飯を得る事出来ざれども、兎に角半煮の飯を食し、尚携帯行李を解きて餅三個宛を兵士に分与し其を食せんとせしに、餅は既に凍りて石の如く、僅かに火に暖めて噛りし程なり。東日8

・寒気は夜に入りて愈々《いよいよ》甚だしく如何にも堪え得ざれば…午前二時、一同出発に決し、前進

隊を督励して田茂木野を志して出発したりしが、此時も前日に劣らざる吹雪にて、防寒にて僅の酒を分与せしも、皆後の寒さを恐れて飲まず。たゞ悲壮なる軍歌を謡ひ勇を鼓して風雪晦冥の裡を歩行せしも、到底前進する能はずして、午前五時、再び前夜露営地に引回《かえ》さんとしたりしも、遂に目的を達する能はざるのみか、路を失して駒込川の辺りに出たり。此処は前夜の露営地と異りて木なければ焚火することを得ず（携帯の薪炭は前夜皆焚尽したり）。この時、将校以下眉睫髭髯等苟《いやしく》も外部に露出するケ所は悉《ことごと》く氷を結んで目は殆《ほと》んど開くべからざれども、各互に助け合ひ、手の如きは他人の防寒外套の内に入れて凍傷を防ぎたり（銃は皆之を負ひたり）。而して食物の如きは手の多少自由を失せると凍結の甚しき為めに食すること難くして、何《いず》れも食はず。且つ此時已に凍傷にて三、四名の倒るゝ

したり。東日8

・雪益々加り風愈々強く、寒さを防がんがため僅かの酒を分与せしも、皆後の寒さを恐れて呑まず。たゞ悲壮なる軍歌を謡て勇を鼓せしも、寒さは益々烈しく…東日8

・午前五時、再び前露営地に引帰らんとせしも、遂に目的地に達する能はざるのみか、途を失ふて駒込川の辺に出でたり。此処は前夜の露営地と異りて木なければ焚火するを得ず。東日8

・このとき将校以下下士卒は髯眉共に氷り如何ともなすこと能はざれども、各々互に助け合ひ、その手の如きは互に他人の防寒外套に入れて凍傷を防ぎたり。食物の如きは手の多少自由を失せると凍傷の甚しき為め、食すること難く、余等も食する勇気なかりし。其の時、既に凍傷の為め斃《たお》れたる兵士三、四人を生ぜり。これが救助の策を講ずる再三なりしも、

ものあり。之が救済策を講ずること再三に及びしも如何とも為し難く、終《つい》に之を放棄して尚ほ進行せんとせしに、中野中尉の如きは既に凍傷に犯され顔面一円に紫色と変じたり。此時、多数は指凍へ袴《こ》の釦《ボタン》を外《は》づすこと出来ずして、其まゝに便を為したり。（倉石大尉は自身、中野中尉の帽子が再三風に吹落されんとするを被らしめ、又、袴の釦をも外づしやりて便を為さしめたり）。時は日暮に近く風荒らく降雪甚しくて咫尺《しせき》を弁《べん》ぜざるも、僅に賽の河原（有名なる悪所にして、明治二十二年の二月二十二日に剛胆なる苦力《クーリー》十二名が風雪の夜、此所の小屋に一宿せしに、其夜、風雪の為めに凍死し、其後命知らずの八名の苦力が亦も同じく雪の為めに凍死したる以来、土着地の忌み恐るゝ処となりたり）の附近四十米突《メートル》斗《ばか》りの北の山麓に露営することに決したる時は、全隊の四分の一は凍傷に斃（倒乎）

如何ともする能はず、残念ながら其の儘《まま》になし、尚ほ進行せんとせしに、中野中尉の如きは既に凍傷に犯され、顔一面紫色に変じたり。この時、多数の将校・兵士は指凍へ、袴のボタンを外すこと出来ず、其儘便をなせり。中野中尉は其時既に手を凍傷せしことゝて余は三、四回吹き飛されんとせし帽子を被らせ、尚、袴のボタン等も外づしやり、便をなさしめたり。時は日暮に近かく、風荒らく、降雪甚だしく咫尺を弁ぜざるも、僅かに賽の川原の…東日8

・明治二十二年二月二十二日には十二名の苦力氷の小屋にて無惨の凍死を遂げ…其後に至り、無鉄砲なる苦力八名…賽の河原に露宿せしに、…八名とも無惨の死を遂げ…類ひ稀なる魔所として知られたるなり。報知2

・附近四十米突ばかりの北の山麓に露営することに決せし時は全隊の兵士三分の一位は凍傷

れ、其他も空腹にして歩行すること能はざるに至れり。就中《なかんづく》、興津大尉は全身の知覚を失ひて人事不省となりしかば、各人之を抱合ひ介抱したるも蘇生せず。小山田特務曹長の如きは終夜看護に尽力したり（露営地は前夜の露営地より約三千米突西北の地）。

此日、食糧殆《ほと》んど尽き、空腹は益《ますます》迫り、甚く望を失ひたれども、明朝の天候に望を懸け、各人相擁して凍傷者を中に取囲みて一団となりて露営せり（大隊長の命に依り一斉に足踏を為して躰温の持続を計り、残留せる餅などを噛ましめて夜を送れり）。此夜かけて今日、四十一名の凍死者ありたり。

嗟《ああ》、此度の雪中行軍に誰が最初より斯る悲惨なる運命に遭遇することを想ふべき。何れも現在の惨状を懐ふて（或は夢にあらずやとも疑ふばかり）真に断腸の悲みに堪へざるは無かりき。

に斃れ、其他も空腹にて歩行すること能はざるに至れり。就中、興津大尉中隊長は全身の知覚を失ひて人事不省となりしかば、各抱き合ひ介抱したるも蘇生せず、小山田特務曹長は終夜看護に力をつくしたり。東日8

・この日、既に食尽き空腹は益々迫り、如何ともすべからざれど、翌朝の天候に望を抱き、各人相擁して団輪を作り、最も凍傷に罹れる者を取囲みて露営せり。東日8

・大隊長の命により、一斉に足踏みをなして僅かに暖を取り、携帯行糧を使用せり。日本3

・此日、一行中にて四十一名を失ひ…国民4

7

二十五日

午前三時に至り、彼《か》の已に斃れたる興津中隊長の躯《からだ》を携へ暗《やみ》を冒して前進せり。此時、倉石大尉は青森街道と約一千米突ばかりの別路を発見せしかば、号令を下し、隊の行路を転じたるも、凍傷にかゝれる兵士三十名斗り屏風を倒す如くバタリと倒れたり。されば大尉は其熱誠を以て是等の勇気を鼓舞したるも其効なく、日本魂丈は慥《たし》かなるも、身躰の自由ならぬを如何せん。此時、午前七時にして、不幸は又も山口大隊長を襲ひぬ。少佐は二十三日より弱はり居たるが、今や凍へて人事不省となりたれば、将校数名は抱きて梢下に風雪を凌《しの》ぎ、生木の枝を集めて焚火して煖《あたた》めんとて火を点ぜしも、ジウ〳〵と音するのみにして何の効もなく万事望を失ひし人々の胸中は語らんとして形容するにもかなし。僅に背

・午前三時、既に斃れたる興津中隊長を携へ暗を冒して前進せり。此時、余は青森街道と約一千メートルばかり別路を発見せしかば、廻れ右の号令を下し行路を転じたるも、悲しむべし、凍傷に罹《かか》れる兵士三十名ばかりは屏風を倒すが如くバタと倒れたり。されば余が熱誠を以て部下の勇気を鼓舞したるも其効なく、たゞ日本特有の魂だけは慥かなるも、身体の自由を奪ひ去られ何の甲斐さへなかりさ。時に午前七時、天は余等をして益々悲運に陥らしめぬ。此の時、山口大隊長はまた人事不省となりければ、将校数名相抱きて樹下に風雪を凌ぎ生木の枝を集めて火を点ぜしも、ジウ〳〵と音せるのみにて暖を取る能はず、こゝに万事望を失せし余等の胸中は語らんとして形容するにものなし。僅かに背嚢の板片ある

嚢の板片あるを悟りしかば、死者の背嚢を集め焚火を為して大隊長を暖めたり。されど大隊長は蘇生せず。而して兵士の斃るゝものの益々多ければ、今や一刻も立留るべきにあらずと決心し、行進すること一時間位にして、幸にも天の一方に少しの碧空を認めたり。時に雪も少しく小晴となりしかば、八名宛の下士・斥候を二組編成して、一は田茂木野に出づる道を探らしめ、一は田代に通ずる道を探らしめたり。其間に兵士の健脚なるものを撰びて近傍に在る死者の背嚢中の食物を集めたり。然るに、山口大隊長は突然蘇生せしかば、全隊一同勇気づき猛然として前進せんとしたり。此時より大隊長の命により、神成大尉各隊を指揮し（各隊は各中隊を云ふなり）、燧《ひうち》山附近に着せしは正午頃なりき（先の二組の斥候は其左方に向ひしものは遂に回らずといふ）。其処に停止せる際、大橋中尉は俄《にわか》に斃れたり。

を悟りしかば死者の負へるものを集め焚火をなして大隊長を暖めたり。去れど大隊長は蘇生せず。兵士は斃るゝもの益々多ければ、今や一刻も立留り居るべき時にあらずと決心し、行進すること殆ど一時間位にして幸にも天の一方に少しの碧空を認めたり。時に雪少しく小晴となりしかば、一組八名の下士斥候を編成して一は田茂木野に出づる道を探らしめ、一は田代に通ずる道を探らしめたり。其間に各兵士の健脚なるものを選びて近傍に死せる兵士背嚢中の食物を集めしめたり。時に山口大隊長突然蘇生せしかば、全軍一同勇気づき猛然として前進せんとしたり。この時より大隊長の命により、神成大尉各隊を指揮し、火打山附近に着せしは、正午十二時なりしが、そこに停止せる際、大橋中尉俄に斃れたり。永井軍医は空腹の故なりと言ひしかば、残れる食物を噛み与へ遂ひに蘇生せしむることを

永井軍医之を診察して空腹の故なりと言ひしかば、残れる食物を噛み与へて遂に之を蘇生せしむるを得たり。

夫より青森へと志して行進を初めしが、幸にも二十三日に委棄せし橇に出遇ひしかば、元の道に出たりと為し、何れも疲労を忘れて歩みしが、不幸にも、又も路を失つて東南の方に進みて賽の川原に向ひしが、大橋中尉、永井軍医其外多の兵士は此時後《おく》れしならんか、其後再び逢ふことなし。

倉石大尉の率ゐし一隊は賽の川原の西方に至りて待てども〳〵他の部隊来らずして下方約《おおむ》ね千米突許《ばか》りの渓谷に人声微かに聞へたるが、是ぞ神成大尉の一隊なるべしと思ひたり。既にして日は暮れんとし、寒気は又も酷烈にして進むも退くも共に叶はねば、遂に其処《そこ》に露営することゝ決したり。其夜は何れも身心

得たり。東日10号外

・左方に向ひたる者竟《つい》に還らず。東朝2

・青森に向け行進を継続し、幸にして二十三日行軍せし路に出でたれば（橇の委棄し在るより知りしと）兵は勇気を鼓し疲労を忘れて行軍を続行したれど、不幸なるかな、復《ま》た又た路を失して東南の方に進みたり。日本3

・それより賽の川原の方向さして進みしが、大橋中尉、永井軍医其外兵士の多くはこの時後れしものならん。東日10号外

・余が隊は賽の川原の西方に至り待てども〳〵来らず。時に余が隊の下方なる約千メートルばかりの渓谷に人声かすかに聞えたり。これぞ前進せる神成大尉の一行ならんか。既に日は暮れんとして寒気酷烈、進むことも退くことも叶はざれば、そこに露営することに決したり。其夜は身心ともに疲労せしと空腹なる

共に疲労し、倉石大尉の如きも昏々として睡眠し、今泉見習士官に再三呼覚されたり。此夜、二隊を通じて凍死するもの甚だ多し。

8

二十六日

午前一時といふまだ夜の内に、倉石大尉は部下を率ゐて神成大尉の一隊が集団せる所に至らん為めに其露営地を出発せり。其行路、僅に八、九町を距つれど、約ね二時間半斗りを費して漸くにして達するを得たり。然るに、大隊長はまたも人事不省となりたれば、倉石大尉等は種々介抱したるに、唯ア丶といふ声のみにして蘇生せず、止むを得ざるに依り、強壮なる兵士数名をして監守せしめて前進せしが、此隙入にて神成大尉等と相失して互に求むるを得ず、倉石隊は遂に中森に至りしかば、此処《ここ》に露営することゝなり、一同根気よく冱寒と戦ひしも、夜に入りて疲労と寒気に

とにより、余の如きは漸々《ようよう》昏睡し、今泉見習士官に二度三度呼び起されたり。東日10号外

・午前一時頃、神成大尉一行の集団せる所に至らんがため、露営地を出発せり。此所は僅に一千メートルばかりを隔つるなるに、約二時間半ばかりを費して漸く達するを得たり。されど、余等は再び悲むべき運命に遭遇したり。大隊長はまた人事不省となりたれば、余等は種々介抱したるも、只ア丶といふ声のみにて蘇生せず。止を得ざるにより、強壮なる兵士数名をして監守せしめて前進せる頃は、神成大尉の一行は影だに見えず。其うち中森といふに至りしかば、こゝに露営することとなり、一同根よく寒気と戦ひしも、夜に至りて疲労と寒さとに血凍へ昏睡するに至りしもの数名

て血凍へしとぞ。昏睡に陥るもの数名ありたり。此日歩行せる路は普通の雪路ならんには二時間斗りも費すべきに、一食だもせず只雪を噛ぢりて歩みしことゝて、一日を費したり。今日も全く方向を誤りたるなり。時に二隊を通じて生存者は五十名に過ぎず。

9

二十七日

夜明け頃、一名の伍長来り。倉石大尉に田茂木野道は知れたりと告げしかば、即ち出発することゝ為し、兵士を励まして行けども〱田茂木野道に達せず。唯右方に小山の見へしより至り見れば、図らずも神成、中野、鈴木、今泉等の各部伍に遭ひたり。互に談合の上、二隊に分離し、各任意に道を求むることに決したるとき、蘇生したる大隊長の来るに遭ひ、互に勇気を発し、遂に二隊に分れて進みたり。時は午前六時過なりき。

あり。この日行進せる路は普通ならば二時間ばかりにて達するを得べきに、一食だもせずたゞ雪を噛りつゝ歩めることとて、一日を費やせり。東日10号外

・時に二組を合せて生存せる者僅に五十名に足らず。東朝2

・時間は慥《しか》と明かならざれど、一名の伍長来たりて告げて曰はく、田茂木野道は分明せりと。即ち、各兵を励まして行けども〱田茂木野路に達せず。ただ右に小山の見ゆるより其所に至りしに、こゝにて先に別れし神成大尉、中野中尉、鈴木少尉、今泉見習士官に遭ひければ、互ひに談合の上、二隊に分離し路を求めむとせるに際し、大隊長の来たるに逢ひ其蘇生を喜びて互ひに勇気百倍し、又た二隊に別かれて進行せり。こは午前六時より七時の

倉石大尉の一隊は、大隊長、伊藤中尉、其外少数に過ぎざりしが、相助け合ひつゝ前進したるに、前方に高地を見出せしかば、大尉等は疲れし足を踏しめ〳〵這《は》ひ上りて地形を案ずるに、小山の後方に駒込川あるを悟りしかば、其河縁を下らんには、或は青森に至るを得べしと。夫より一行は其方指して進みたり。これぞ駒込川の断崖にして氷結甚しく、危険云ふばかり無し。この時、既に日も暮れんとしければ、程よき崖陰に身を潜め一夜を凌《しの》がんとせり。今泉見習士官（此人は佐賀の人にて二十三歳なり。体格堅剛にして長大。其士官学校同窓七百人中、器械体操及角力に於ては氏第一等なりき）は下士一名を伴ひ路を見定むべしとて川を下り行きし儘、遂に帰り来らず（一説に氏は果なく河中に倒れたるより「滑りてか」之を見たる下士は到底進む能はずと報告したるを以て、少し後方に引回へしせしなり。東朝6

間なるべしと思はる。それより余が一隊は大隊長を始め伊藤中尉其の他の数名に過ぎざりしも相擁しつゝ前進したるに、前方に高地を見出せしかば、余は疲れし足を踏みしめ〳〵はひ上ぼりて地形を案ぜしに、後方に駒込川あるを悟りしかば、或は川べりを下らんには青森に至るを得べしと。それより一行は其の方指して進みたり。これぞ駒込川の断崖にして氷結甚だしく危険云ふばかりなし。この時既に日も暮れなんとしければ、程能き崖蔭に身を潜め一夜を凌がんとせり。時に今泉見習士官は下士一名を伴ひ路を見定むべしとて川を下り行きし儘遂に帰り来らず。東日10号外・見習士官・今泉三太郎氏の如き、真先きに倒れたるより、其次に進みし兵卒は之を見て進むこと能はざる旨を倉石中隊長に報告し、中隊長は茲に引還して崖穴に難を避けることに決せしなり。東朝6

たりと）。〔以下、神成大尉一行の事状は生存者・後藤伍長の語る処に基くもの也〕

神成大尉の率ゐし一隊は田代道に向ひしが、中尉華族・水野忠宣氏は更に衰へたる色なく我れ道案内せんとて先に進みしが、瞬間に雪中に沈みて其影を見失へり（鳴澤附近の二十六日露営地にて後に同氏の死屍を発見せり）。其他兵士も次第〳〵に減少して最後に伴ふものは鈴木少尉、伍長・後藤房之助、及び及川伍長（及川は前夜少しく睡眠したるを以て、割合に疲労せず）三人なりしが、鈴木少尉は少しの間、風雪の歇《や》みたる隙に乗じ、是より諸君の先導を為さんと蹶起して高処に登りしが、其まゝ姿は見へずなりぬ。及川も其時倒れて人事不省の体に陥りしかば、神成大尉と後藤之を介抱し、後藤の肩に抱き上げられしに、及川は之を遮《さえぎ》り、我は之の儘死するも惜からず。それよりは一刻も猶予せず田茂木野

・倉石中隊長の如きも単独にて決するの外なしとて挺身、田代を指して歩み出…東朝31号外

・水野中尉の如きも華冑《かちゅう》の身にてありながら更に衰へたる色なく、我道案内をせんとて前に進み出でしが、之れも瞬く間に雪中深く沈みて其儘凍死せり。東朝31号外

・二十六日まで後藤伍長と進退を共にせしは、神成大尉の外、少尉・鈴木守登氏と及川伍長とにて…東朝1

・鈴木少尉の如きは其日（二十六日）一寸風雪の歇みし隙に乗じ、是より諸君の先導をなさんとて蹶起田茂木野に向ひしが、高所に立ち上りて其儘姿は見えずなりたり。此時、及川伍長も其場に倒れて人事不省となりしかば、神成大尉、後藤伍長とが之を介抱し、後藤伍長の肩に抱き上げしに、及川伍長は之を遮り、吾は此儘死するも惜しからず。夫よりは一刻

に帰られよと〔此ノ一条、大に疑問ノ存スル処トス。何トナレバ、二十七日捜索隊ハ田茂木野ヨリ二里半許リノ大滝平ニ至リテ其前頭遥カニ認メラレタル後藤ハ之ガ為メニ発見セラレタリトイフカラニハ、後藤ノ居リシ所ヲ仮リニ大滝平ヨリ十四、五町ノ先ト想像シテモ椰子《やし》ノ木森附近ナリ。况《いわ》ンヤ実際、後藤ハ椰子ノ木森附近ニテ救ハレタリトモ言ヒ伝ヘラルレバ是ニハ誤リナシ。然シテ水野中尉ハ鳴澤附近ニテ発見セラレタルヨリ考フレバ、神成大尉ハ田代方向ニ向ヒシトスルハ非カ。或ハ其後方向ノ誤リタルヲ知リテ引返シタルカ、又ハ自ラ方向ヲ迷フテ青森ノ方ニ向ヒシカノ二点ニ疑有リ。然レドモ一刻モ猶予セズシテ田茂木野ニ帰レトノ語ヨリ考フレバ、神成大尉ハ最初ヨリ田茂木野ヲ志シテ進行シタルモノカトモ思ハル。尚ホ後日考証スベシ〕いふにぞ。二人今は躊躇する時ならずとて其

も猶予せず田茂木野に帰られよと…東朝1

いへるにぞ。二人も…躊躇する時にあらずと

意に任せ足を運びたり。斯くて数歩の間に大尉も打倒れしが、絶息する迄絶へず後藤の名を呼びて賃額の高下に関せず早く人夫を雇ひ来れと連呼して命令し、後藤は已に不自由なる身躰を奮ひ起して無我夢中に其辺を彷徨したるが、遂には根気尽き雪中に動かずなり居りしに、第一着に救援隊に発見せられしに及べり。

10

二十八日

此日早朝、雪も小晴となりたれば、大隊長等をして崖を登らしめんと努め、午後三時に至るも上ること能はず、疲労甚しく遂に元の所に回りたり。此時、川の辺《ほとり》に大隊長は座を占めて動かず。一行僅に七人のみとなりしに、佐藤特務曹長は下士外兵士を率ゐて神成隊に（或は青森聯隊の意味か）連絡せんとて出行きしまゝ行衛不明となり〔「一行僅か七人」

て其意に任せ歩を運びたり。斯くて数歩の間には続て神成大尉も打倒れ…。東朝1

・後藤伍長を呼び、金は幾千でも構はぬから早く村に行きて人夫を傭ひ来れと命じ、死期にも此声を絶たざりしと。東朝31号外

・後藤伍長は其命令を奉ぜんとて不自由なる身を起し、無我夢中に其辺を彷《さまよ》ひ廻はりたるため幸に体温を増し、救護隊の目にも止まりしなり。東朝1

・此日早朝、雪も小晴となりければ、大隊長等をして崖を登らしめんと努めたるが、午後三時に至るも上ることを得ずして疲労甚だしく元の所に帰りたり。この時、川の辺に大隊長は座をしめて動かず。一行僅に七人のみとなりしに、佐藤特務曹長は下士外兵士を率ゐ聯隊に連絡せんとて出で行きしまま行衛不明となり、

東日10号外

ニ就テ疑問アリ。此七人トハ大隊長以下此倉石隊ノ総員ヲ云フモノカ、若《もし》クハ大隊長ヲ取囲ミタル一少部隊ヲ除キテ倉石大尉ト真ニ同伴ノモノナルカ、甚ダ不瞭解ナリ。然レドモ一行七人トイフハ大隊長ニ関セズシテ大尉ニ属スル同行者ト見ルガ真ナルベシ」今は如何とも策の為すべきなければ、大尉は伊藤中尉と相抱きて命を天に任せ、崖穴の裡《うち》に覚悟の座を占めたり。されど大隊長の気遣《づかわ》しければ、又も這出て其傍に至り、我等の場所は此処より都合よければ移りなされと再三勧めしも、頭を振りて吾は此処にて死せんとて肯《うなず》かず。已《やむ》を得ざれば、大尉は穴に戻りて死を待つのみなりしが、只時々川に下りて水を呑み、返る毎に大隊長を促せど、大隊長は毫《ごう》も動かず、此処にて死せんと答ふるのみなりき。

・今は如何とも策のなすべきなければ、余は伊藤中尉と相抱きて命を天に任せ崖穴の裡に覚悟の座を占めたり。されど大隊長の気遣はしければ、又も這ひ出でながら其の傍らに至り、こゝよりは我等の占めたる場所稍《やや》雪の甚だしからねば御移りなされよと再三勧めしも、頭を振りて吾はこゝにて死せんとて肯かず、已を得ざれば余は再び穴に戻りて死を待つのみなりし。只だ時々川に下りて水を呑み帰る毎に大隊長殿如何で御座ると伺ひ寄れり。去れど大隊長は毫も動くの意なく、此処に死せんと答ふるのみなりき。東日10号外

11　三十日

後藤二等卒も大尉の籠り居る崖穴に来り。一団、五名となり、たゞ死を待つのみなりき。

12

三十一日

渓谷に陥りて已に三日、天候少しく晴れたるも、如何ともする能はず。昼は吹き来る雪に対し、夜は雲間の星を見るのみ。前に進まんが谷深く水青し。後に至らんが断崖絶壁あり。さればとて、空く座せば眠を催し、そのまゝ凍死するのみなれば、一生懸命に勇を鼓して高地に攀《よ》ぢ上らんと決心し、午前八時頃、各是を試みたれど、気のみ勇みて足立たず、漸く踏しめ〳〵二町斗りの処を午後三時までかゝりて辛くも高地に登りたりしに、遥か彼方に人の彷徨するを認めたり。此時、伊藤中尉は其人々の運動の機敏なるを見て凍傷兵の一行にあらざるを知り、救を求めんとて四人声を合せて呼びしに、果たせるかな捜索隊にし

・二等卒後藤惣助は我等の居る所に来り。一団五名となり、たゞ天を仰いで死を待つより外なかりき。東日10号外

・渓谷に陥りてより既に二日なるを以て、天候少しく晴れたるも如何ともする能はず。昼は吹き来る雪に対し、夜は雲間の星を見るのみ。前に進まんが谷深く水青し。後に至らんが断崖絶壁あり。さればとて空しく座せば眠を催ふし其のまゝ凍死するのみなれば、一生懸命勇を鼓して高地に攀ぢ登らんと努め、午前八時頃、各々そを試みたれど気のみ勇みて足立たず、漸く踏みしめ〳〵二百五十メートルばかりの処を午後三時までかゝりて辛らくも登りたりしに、遥か彼方に人の彷徨するを認めたり。此時、伊藤中尉は其の人々の運動の機敏なるを見て凍傷兵の一行にあらざるを知り、救を求めんとて四人声を合せ

て、遂に救済の幸福を得たるなり。

て呼びしに、果せるかな捜索隊にして、余等は辛らくも救助せらるゝを得たりし。東日10号外

13　附記　○大隊長は再三人事不省となり死者同様となりしが、一人の兵士は己《おの》が身に絡《まと》へる毛布を脱ぎて其躯を裹《つつ》みて之を担ひ居りしが、己れも全身凍へて進退自由ならず。終に大隊長を卸ろすと同時に其身も絶息したるなり。

・一行は尚山口大隊長の屍体を棄つるに忍びず、一人の兵士は己が身に纏《まと》へる毛布を脱ぎて死体を之に裹み大事に担ひ居りしが、之れも全身凍えて進退自由ならざるに至り、終に之を放棄し、其身も頓《やが》て其場に絶息せり。

東朝31号外

5の下段「東朝31号外」は後藤伍長の話によるもの。初出は一月二九日付『東奥日報』と思われる。また、「東日8」と「東日10号外」は「倉石大尉の談話」であり、鷲愕子はこれらを読んで事件の再現を試みていることがわかる。

5「此命令已に時機に後れ、救ふべからざる惨状に陥りしこそ遺憾なれ」は、『読売新聞』のいう、⑴「軍への痛烈な批判」に相当しそうだが、結局『東京朝日』の受け売りだったのである。なお、文中の（かっこ）内は一回り小さな字で書かれており、補足説明と鷲愕子の意見を記している。よって、『始末録』の本文は他書から引いたテキストとして扱われていることがわかる。

6、7、鷲愕子は、「余」を「倉石大尉」に変えている。

9「二隊に分離」について。青森市の「八甲田山雪中行軍遭難資料館」のパンフレットには一月二六日のこととして書かれている。

9「今泉見習士官」について、「此人は佐賀の人」という説明は後にもう一度登場する。

9「神成大尉の率ゐし一隊は田代道に向ひし」は筆写ミスの疑いあり。下段の「東朝31号外」には「倉石中隊長の如きも…田代を指して歩み出」とあるからで、この部分の原典と考えられる一月二九日付『東奥日報』には「倉石大尉の如きは独り奮然として挺身田代の方向を指して進み」とある。驚愕子は「此ノ一条、大に疑問ノ存スル処」とし、「後日考証スベシ」と述べているが、「自らの筆写ミス」の可能性があると思う。

10と11の間に本来あるべき「二十九日」の記事がない。この「幻の二十九日」については、二月八日の『東奥日報』第三面の最後に次のような訂正記事があることで事情が判明した。

⑿ ●正誤　前号の倉石大尉遭難談中、二十九日分を脱せるを以て、左に掲ぐ。

▲二十九日　余等を去る約十米突許の所に居りし一兵卒来たりて余等の団に入りしのみ。

このことから、二月七日の『東奥日報』に「二十九日分を脱せる」「倉石大尉遭難談」が載っていたことが判明した。この「遭難談」は他紙（例えば二月九日の『岩手日報』）にもあるが、⑿の訂正記事により、『東奥日報』が原典である可能性が高いと思う。ただ、二月七日の同紙はいわゆる「幻の東奥日報」で、本社にも保存されていないため確認できない。委細は第四章に記す。

14

救援隊派遣

茲に第五聯隊に於ては、行軍隊が出発後、非常なる嵐となりしを以て、定めて困苦を嘗《な》めつゝ帰来すべしとなし、二十四日原田大尉に兵三、四十名を引率せしめて幸畑まで出迎ひを為さしめたり。聯隊長も其夜は十二時頃までも営所にありて一行の帰着を待ちたり。二十五日に至り、降雪依然として止まず、而《しか》も行軍隊は何等の消息なきのみか、民間にては種々の風説を流布するに至り、中には筒井村長等は聯隊に到りて等閑に附すべからざるを注意するものありき。然れども、聯隊に於ては少数の兵員ならばいざ知らず、二百人に余る一隊にして且つ士官中には老練なる人もあること故、迚《とて》も風説の如く災厄に罹《かか》りしとは

・二十四日になると午前四時から俄に風が吹起り、とう〳〵吹雪となつて…嘸《さぞ》難儀して居るであらうと心配するやうになり、原田大尉の如きは態々《わざわざ》幸畑迄行軍隊を迎へに行きましたが、其夜は遂に帰りませんでした。時事1

・聯隊長…夜の十二時頃まで待ち…日本30

・廿五日に至り、雪は盛に降りしも…夕方に至りても尚ほ帰営せず…世間早くも種々の風説を流布する者あり。…軍隊には老練なる山口大隊長自ら其指揮に当り、進退苟《いやしく》もせざるべきは言ふを俟《ま》たず。若し三、四十人位の小部隊ならば又しも、二百余名の大部隊悉《ことごと》く凍死の境遇に立ちながら其の情報さへ聯隊に致すこと能はざるの理なし。故に大隊は確かに其

思はず、多分、田代に到着して暫時休養を為しあるべしと為し居たりき。（土着人中には行軍隊が帰来せざるを以て、元来、田代道は軟雪中には容易に行くべからざる処にして、皆二月後、堅雪となりたる頃通行すべき処なるに、行軍隊は今の軟雪中に行きたれば、疑ひもなく遭難しつゝあるものと為したりと）

併《しか》し、此日は終日待ち暮らしたりしも、行軍隊は終に何の消息も齎《もたら》すことなかりき。依て二十六日早朝、救援隊を派遣するに及びたり。各中隊より倔強なる下士卒六十名を選択し、土人の案内者を雇ひ、別に三百名の人夫を招集し、各種の救護必要品を携帯せしめ、尚ほ白米五升づゝをも携へて、三上歩兵少尉をして指揮者とならしめたり。

目的地たる田代に達し、田代に休養し居るや疑ふべからず。日本30

・元来、田代方面は危険の地として冬期村民も容易に行かざる処、殊に今年の如く積雪の厚くして堅き時は危険最も太しと村民能く之を知れるを以て、行軍隊の帰り来らざるを聞き、早く已に凍死のことを覚りたりといふ。

東朝31号外

・二十五日は終日安否の報を待ち暮せり。然るに同日も遂に何等の消息さへなかりしかば、二十六日早朝、援護隊を派遣するに決し、各中隊より倔強なる下士卒六十名を選択し、三上歩兵少尉之を指揮し、各自食料の外、白米五升づゝを携帯、出発せしめたり。援護隊は途中、幸畑・田茂木野等に於て人夫を募集…

東朝30

14 「川和田少尉」を「原田大尉」と誤記していることについては既述したが、まずなぜ「川和田少尉」が正しいかといえば、『遭難始末』五〇頁にこうあるからだ。

⒀ 川和田少尉以下下士卒四十名ハ田茂木野ニ出迎ヒタリ

第五聯隊が発行したいわば公式事故調査報告書を信用し、「川和田」を正解と見ているのだが、「幸畑」と「田茂木野」の差異もある。こうしたことが起った事情としては、二月一日付『時事新報』が参考になろう。既に14下欄の初めに引いているが、この記事には次のような説明があった。

⒁ 第五聯隊副官大尉・和田以時氏は昨夜（二十九日夜）、特に余の為めに左の談話をなせり。

この聯隊副官が「原田大尉…幸畑」と述べたため、これが世に広まったものと思われる。驚愕子が誤ったのではないようだ。また、「三上」については既述。

救援の実況

15 救援隊が田茂木野を出発せしは二十六日午前　・援護隊は…同日午前十一時、田茂木野を出発

十一時なりき。然るに、積雪は七、八尺の深にして、進行甚だ困難なるに、漸次日も暮れに迫り、元より人家とてなき郊原のことゝて田茂木野に引返して一泊せり。

16

翌二十七日は午前六時を以て出発して進行せり。此日も吹雪甚しきに、寒気も又非常に烈しく、漸くにして二里半計《ばかり》を進み大瀧平と称する処に到達せしに、凍傷に苦むもの多く、中には卒倒するものさへ出来たりしが、此時、先頭の人夫の一名が遥か前面に何やら人の彳《たたず》める様子を見附け其場に駆け附見れば、一人の兵士腹部まで雪中に埋没して直立しながら身動もせず目をパチ〳〵し居たりき。此時、救援隊も又駆付け之を助出したるに、心弛《ゆる》みてや、一時人事不省となりしも、気附薬を与へなどして元気を附け、煙草一服と云ふより之を与へ、又パンを噛みて口中に含ませたる

せしが、積雪深くして進むこと能はず。日は既に暮れんとするに、宿るべき宿舎にも有付かざれば、遂に途中より引還して再び田茂木野に一泊し…。東朝30

・二十七日…田代を指して向ひしに、此日、風雪の甚しきに搗《か》てゝ加へて寒気非常に厳しかりしかば、田茂木野より凡《およ》そ二里半許り、大瀧平と称する所に到達せし頃は凍傷に苦しむもの多く、中には卒倒するものさへ出来《しゅったい》したりしが、此時、前に起ちて進みし人夫の一名が遥か向ふに何やら人の佇《たたず》める様子を見付け其場に駆けつけしに、一人の兵士雪中に直立したる儘身動きもせず、眼をパチパチし居たりし。此時、援護隊も其場に駆け付け、右の兵士を助け出し、麺包《パン》など噛みて口に含ませ、暫時の間にて漸く本気に復し言語をも発するに至りし。此兵士こそ乃《すなわ》ち後藤房之助といふ

が、暫時にして気力を復し言語を発するに至れり。此れ彼の後藤伍長なりき（後藤は多くのパンを所持し居り、前日迄は絶へず之を食ひて睡眠を防ぎしが、此日は手足凍へてパンを取出すこと能はざりしといふ）。

後藤は此近辺に神成大尉の倒れて居る筈と先づ告げしより、救援隊は驚いて捜索にかかりしに、十間斗《ばか》り隔りたる所に之を発見せり。大尉は堆雪三尺の下にありて掘出したる時は顔は厚き氷にて掩《おお》はれ、全身凍りて漸く胸部に少しの温気あるのみ、直《ただち》に皮下注射を為したるも肉硬くして針折れたれば、更に注射を為したるに、漸く身を動かしたるも、一声の唸《うな》り声を発して絶息す。

又、此近辺にて及川の血を吐て仆《たお》れ居るを発見したるが、手足尚ほ凍へず、軍帽に積れる雪も亦凍らざるより、零時前までは生命あり

伍長にて、九死の内に一生を拾ひ得たる人なり。東朝31号外

・同人は多くの麺包を所持し、前日までは絶えず之を食せしも、手足凍えて自ら其麺包をも取出すこと能はずなりし。東朝1

・此の辺に神成大尉も居る積りなりとの注意に人夫は進みて捜索せしに…東日31号外

・十間許り隔てゝ神成大尉を発見せり。大尉は雪の下三尺許りに埋没せられ、掘出したるに、顔は厚き氷にて掩はれ、全身凍りて堅く、唯胸の辺りに尚多少の温気ありし為め皮下注射を為したるも針折れたり。更に口に注射したるに、漸く身体を動かしたるも遂に絶命せり。
東朝31号外

・一声唸なりし後、絶命せしが…東日31号外

・人夫の其前方に進みし際、某伍長一名倒れあり。鼻血四方に散して絶命せしより多く時刻を経ざりしものと見へ、手足は凍らず軍帽に

かゝり居りし雪も凍り居らざりしと。日本31

・此時、寒暖計摂氏零度以下二十度なり。　東朝31号外

・掩護隊は此時少なからざる凍傷者を出し、以上進むこと能はざるより、神成大尉と某兵士の屍体は其儘放棄し、後藤伍長を毛布に包み漸く田茂木野に引揚げたり。東朝31号外

・二十七日午後二時、伝令通報を聯隊に持ち来れり。曰く、田茂木野の東南にて神成大尉及後藤伍長を発見す。今休憩中なりと。聯隊にては神成大尉は先鋒となり帰隊の途に在るものとなし、大に安堵する間もなく、三上少尉は息せき来りて聯隊長の門前に倒れ頻りに水を飲んとする状況なりしにより、聯隊長は自ら出で水を飲ませ、其言ふ所を聞くに、行軍隊は最も悲むべき境遇に陥りしならん。神成大尉は既に絶命せりと。日本3

しものゝ如くなりき。

何分、此時寒暖計は摂氏零度下二十度の極寒にして、救援隊中にも危険なる兆候を生ぜんとしたるより、已《や》むを得ず二人の屍体は放棄し、後藤伍長而已《のみ》を毛布につゝみ漸く携へて田茂木野迄引上たり。

右発見の事実を齎《もた》らしたる伝令使が第五聯隊に到着せしは午後二時なりき。其時の報に曰く、田茂木野の東南に於て神成大尉及後藤伍長を発見す、今休憩中と。此単簡なる語よりして、聯隊にては扨《さて》は神成大尉は先鋒となりて帰途にあるものかと大に安堵したる間もなく、三上少尉は息せき来りて聯隊長の面前に来り、倒れ、頻《しき》りに水を飲まんとする状況なるを以て聯隊長は自ら出でゝ水を与へ、其初て言ふ処を聞きて、一行が非常なる惨事に遭遇したるを知りぬ。

斯くて聯隊の驚動一方ならず、直に午後三時を以て更に塩澤大尉をして救援隊を引率せしめて派遣し、軍医・看護手の殆《ほと》んど全部を田茂木野に向はしめたり。

此の救援と共に、青森市及び附近も動揺し、官民共非常なる奮発を以て救援方に尽すところあり。青森市は一切の宴会を見合せて吊意を表し、有志家は金員物品を寄附するあり。各地に発する電報は引も切らず、一般に容易ならぬ有様なりき。

17

二十八日　第三大隊は全部出張し、田茂木野を本部とし捜索に従へり。田茂木野より大峠迄其間三、四町毎に一ケ所宛の小屋を設けて連絡を取りたり。小屋は十畳敷位にして、雪穴を掘り其上に桁を構へ菰莚《こもむしろ》を掩《おお》ひしものにして、兵士人夫の宿舎及物置に宛たり。

・聯隊にては同日午後三時を以て更らに鹽《しお》澤歩兵大尉をして救護隊を引率せしめ同地に派遣し、且つ軍医・看護手全部を田茂木野に向はしめたり。東朝30

・今度の大珍事に付きては、青森市を始め附近の村村大に尽力し、数百名の人夫を出し、尚ほ在郷軍人など自費にて尽力し、青森市民は弔意を表する為め一切の宴会を見合はせ、有志家は捜索隊に物品を寄贈するなど甚だ努めり。東朝1

・第五聯隊第三大隊は二十八日より全部出張し、田茂木野を本部として捜索に従へり。田茂木野より三、四町毎に一個所づゝの小屋を設け本部との連絡を取る。小屋は大きさ二間に二間半位にして、地下五、六尺を掘り、兵士・人夫の宿舎及び物置に充つ。東朝1

18 二十九日　全聯隊（留守番の外）及人民三百名を捜索隊として使用するに至る。田茂木野より初めて十五ケ所に哨所を設け（田茂木野、次より十五号、次を十四号と逆号を打ちたり。十号頃までは一哨所に兵士三十名前後を附したるが、夫よりは六十名又は七十名を附し、二月三日頃よりは道路の左右二千米突を捜索しつゝ進むに及び、大に困難を感じたり）弘前市より昨日来着したる工兵隊の電信隊将校以下五十名は、此日其携帯の一万三千米突の電線を以て午前より架設に従事して、青森より田茂木野に及びたり。本日、捜索隊は神成大尉発見の地迄前進したり。弘前より軍医、下士卒若干来着し、衛生部員を作り哨所四ケ所に分派したり。

・聯隊は昨夜来、地方人約三百名と協力し、露営地方一個所四十名の逓歩哨十八ケ所を設け捜索しつゝあり。東朝30

・田茂木野を以て第十五哨所となし、これより十四、十三と漸次遠きは千米突、近きは百米突を距てゝ哨所を置き、大・中尉の司令以下三、四十名を以てす。読売6

・其捜索区域は進路の左右約二千メートル（左右にして約一里）…日本6

・八師団工兵隊の電信隊は一昨日、将校一名には四十九名の工兵と共に来着。電線一万三千メートルを持ち来りて昨日午前…より架設に着手し…田茂木野間で架設…。東奥30号外

・弘前より軍医四名、下士若干来り。哨所の内、四ケ所に衛生部員を派遣し、救急の準備を為せり。東朝31号外

19 三十日　連日の吹雪此日に至て歇《や》んで晴天と

・数日来の吹雪、今日に至りて全く歇み、快晴

なり、捜索隊に至便を与へたり。捜索隊は雪をかき分け漸く大瀧平附近に至る。午前九時、屍体六個を発見す。午後三時、椰子木森附近にて中野中尉以下三十名の屍躰発見す。（屍体は雪に蔽はれ帽子又は外套の見へ居るを見付て掘出するあり。皆手を屈《かが》め足を伸ばし多くは目を開きて仰向になり手袋なく足袋跣足《たびはだし》にて、銃も背嚢も持たず）

20

三十一日　朝間、死屍九個を発見す。午前十時、鳴沢附近に進みたるガンヂキ隊は雪中より兎の飛び出たるより戯れに之を遂ふて渓間に下れば、堆雪中に僅かに見へたる小屋ありて、人ある景栄《けはえ》したるより、入り見れば、下士候補生三浦武雄と一等卒阿部宇吉の二名生存し居たるを発見したるが、二人共に言語明瞭にして傍らに一兵卒の死骸を横へたり。此生存者は二十五日に此炭小屋に尋当り、絶食

の天気となれり。第五聯隊捜索隊の小屋掛工事、大に捗取《はかど》り…東朝31号外

・午前九時…伍長以下六名、午後三時…安木森附近にて中野中尉以下三十名発見す。屍体は雪に覆はれ、帽子又は外套の見え居しを雪を掻け見るに、皆手を屈め足を伸ばし、眼を開き、仰向けになりて手袋なく、足袋・跣足となり、銃・背嚢を持たぬ由。東朝31号外

・本日午前十一時、捜索隊が神成大尉凍死の場所より一里程を隔てし向ふの山へ捜索に赴きたるに、突然一疋《ぴき》の兎飛び居るを見出し、面白半分に追ひ廻はしつゝありしに、兎は炭焼小屋に逃げ入りしより…追ひ行きたるところ、背嚢と小銃六挺ありしを発見し、…フト内を覗き見れば何ぞ計らん、三浦上等兵、阿部一等兵の元気善く生存し居る　時事1

・二十五日、幸ひに炭焼小屋に尋ね当り此処に

六昼夜、弁当箱に雪を入れ股にて之を温め水と為して飲み居たりと（最初此三人と軍曹藤本左近と一緒に居りしが、軍曹は此所に居るも救生の見込なしとて二人に死別して雪を踏分けて小屋を出しが、深雪中に倒れ死したり。今暫し此処に残らば助かりしものをと二人は男泣に泣きたり）。聯隊長は本日捜索隊の先頭に在りて指揮し居たるが、此二人の生存しある聞き、初めに生存者は後藤伍長一人かと思詰たる処なれば、其喜び甚しく（他の人も又狂喜したり）、狂喜の余り三浦・阿部外十名の生存者発見との誤電を打ちたれば、其まゝ全国に伝はりたり。

今日、弘前より兵士二百名来到して捜索に加はる。一般人民は勿論、仮令《たとい》遺難者の遺族とても捜索隊の働きを妨ぐることあるべきを慮り、一切捜索地に赴くを許さず。

風雪を凌ぎ、絶食六昼夜、弁当箱に雪を入れ枯枝を焚きて煖《あたた》め水にして飲み、僅に生命を繋ぎ居たりと。東朝2

・二人の入つて居た炭焼小屋には同隊の曹長・藤村左近が最初から一緒に居たのである。然るに…一日、小屋を脱出して了《しま》つた。…二人は…先に出て行つた藤本曹長の事を想起して大声を放つて男泣きに叫んだ。中央4

・生存者は後藤伍長のみにて他の悉《ことごと》く凍死したりと今の今まで思詰たる津川聯隊長を始め捜索の一隊は狂喜措《お》く所を知らず、狂喜の余、三浦武雄、阿部外十名の生存者を発見せりと電報せり。日本3

・第三十一聯隊より二百名…出張せり。東朝2

・捜索隊の働きを妨げる虞《おそ》れある故、遺族は素より一般人民の遭難地に赴くを許さず。

東朝1

21

三十一日　三浦・阿部二人が生存のまゝ発見さるゝや、捜索隊は勇気一倍して捜索に従事せり。鳴沢の麓まで前進したる捜索隊は行軍隊の露営地（二十六日の露営地乎）を発見し、水野中尉及兵士十六名の屍躰及びに銃六十挺を発見したり。

午後二時頃、大峠より一里を距る或る谷底（一説には鳴沢附近とも云ふ）乃ち第八哨と第九哨との中間にて、ふと向の崖の下に人頭らしき黒きもの三、四個蠢動するを見付け、竹谷軍医正大声にて呼びしに、オウと応ふる声は三人にして、中に一人は声最も確かなれば、直ちに第八哨に告げたり。人夫来り、軍医来り、聯隊長来る。聯隊長は最初は人夫共の路に迷ひしものかとも思ひしが、伊藤中尉に似たるもの故、望みて此方より大声にて伊藤中尉かと呼びしに、応と答へたれば（一説には、救はれ来りたるものに向ひ汝《なんじ》は誰かと声かけ

・去卅一日、捜索隊は駒込川の源なる鳴沢の麓まで前進したるに、同所に於て行軍隊の露営地を発見せり。…而して同所を掘りたるに、水野中尉及び兵士十六名の死体と外に銃六十余挺、鍋一個を発見…。東日4

・竹谷軍医正の談話　第八哨と第九哨の間、即ち小峠より約一里の谷底に於て人影の動くが如くを観る。余は帽を挙げて大声、竹谷軍医正なるぞと叫びしに、オーと答ふる声は三人、而かも一人は最も確かなるにより、直に八号哨所に通じたるに、軍医来り、人夫来り、津川聯隊長も来り…。日本4

・津川聯隊長の談話　…人夫等の路を失せるものならんと思ひたれど…何にやら伊藤中尉に似たる所あるにより、大声、伊藤中尉かと呼びたるに、オーと答へたるにより…日本4

・聯隊長は右二名の将校に対《むか》ひ、お前は誰れか

しに、伊藤ですと答へたりとも言ふ）、今は疑ふ処なしとて急ぎ助け出したり。此四個の生存者は乃《すなわ》ち倉石大尉・伊藤中尉・高橋軍曹後藤二等卒なり。此内、両士官は甚だ元気にして、倉石大尉の如きは引上の際、自ら歩み出たりといふ（大尉は藁靴の上にゴム靴を穿《は》きたれば足部に凍傷なし。伊藤中尉の如きは切断を要する凍傷一ケ所もなし）。

伊藤中尉は殊に確にして、其下の崖許に大隊長などが居る筈なれば速に助けよと言ひし故、何れも喜び勇んで其指示する処に抵《いた》り見れば、絶壁の下なる蔭に坐《すわ》り居る四人あり。即ち山口大隊長（兵卒の外套と毛布とを敷物とし肩より腰にかけて引まとゐありたり。察するに、兵卒は自ら寒気を堪へて大隊長に着せしならんと）、小原特務曹長、今野（一に紺野とも伝ふ）一等卒、山本二等卒なり。皆疲切たる有様にて、即坐に言語を発し得ず。捜索隊は

と問ひたるに、伊藤ですと答へ、中々の元気にて…東朝4

・倉石大尉は最も確かにして、引揚の際は自ら歩み出したりと云ふ。大尉は藁沓の上に護謨《ゴム》靴を穿《うが》ちたるためにや、足に凍傷を受けざりしと。日本4

・伊藤中尉は最も確かにして、此の山の下に大隊長等が居る筈なれば速に助けよと云ふ故、捜索隊は其方面に進みたるに、大瀧川の絶壁の下なる岩蔭に据《すわ》り居る四人あり。是れ即ち山口大隊長・小原特務曹長外に兵卒二名にて、皆疲れきりたる有様にて即座には言語をも発し得ず。大隊長は兵卒の外套を敷物となし、又肩に引掛け居たり。察する所、兵卒は自ら寒気を忍びて大隊長の使用に供せしものならんか。捜索隊は大隊長を引起すや、膝の下よ

四人の所に下り来り。大隊長を引起すや、膝の下なる雪中より兵士の屍体の出づるあり。又は岩の上に斃れたるあり。川水に足を浸して死せるもありて、附近に総《す》べて七個の死躰を発見せり。何分深き谷底故、畚《もっこ》に乗せ縄にて釣り上られ、翌日午後二時、衛戍病院に移されしが、少佐は重症なるも、倉石・伊藤二尉官は甚だ元気よく、唯々絶食の為疲労したるに過ぎざれば、全快早かるべしとなり、大隊長は其職責を尽さず忠愛なる多数の将卒を失ひしとて涕滂汰《なみだぼうだ》たり（少佐が救援隊に救はれたりとの報知夫人に達したれど、夫人も面会にも行かず差し控へて謹慎を表し、多数の不幸なる人々に伴はずして自分一人生帰りて却て心苦しと語りありき。すべて聯隊の士官は皆一と所の宿舎に居住し居りて、伊藤中尉の外は皆妻子あるが、聯隊長の細君が遭難将校の家内を訪吊したる際の如き、何《いず》れの細君

り兵士の死体の出づるあり。岩の上に倒れたるもあり。河水に足を浸して死せるもあり。此附近にて死体を発見すること七個に及べり。…何分深き谷底の事なれば、容易に引上ること能はず、畚に乗せ縄にて釣り上げ…東朝2

・山口少佐、倉石大尉、伊藤中尉…の七名は本日午後二時、衛戍病院に移されたり。東朝2

・倉石大尉・伊藤中尉は数日間絶食したる為、疲労せし迄にて、格別の凍傷もなければ全快速かならん。東朝3

・少佐の夫人れい子…は…「少佐無事なり」との吉報ありしに…「御大事な皆様をお亡くならせ申して主人のみ一人帰つて参りましても甚だ心苦しい許りで御座ります」と語つたようで、少佐が本月一日病院に送還された時でも…之を見舞いに行かうともしないで、終日只粛然と家内に籠居つて、謹慎の意を表して居られるとは…実に察せられる。中央5

も涙一滴も灑さずして良人が職務の為めに尽したることなれば、余儀なきことなりとて粛然として居たりといふ）。

22

死体の惨状　死者の穿たる靴の踵《かかと》は大に擦切れ居れり。雪中を矢鱈に歩行したるものと見へたり。屍躰は多く鈍く目を開きて恰《あたか》も生ける人に似、外套は氷りて板の如く、口堅として歪み、四肢は緊張固凍し、藁靴も石の如く鉈《なた》にて切り取るほどなり。死体は皆青森の方に向ひ仰向に倒れたり。中には立往生のものもあり。帽子は吹飛され顔は赤く腫れて見るに忍びず、体重加はり人夫四名にて猶ほ運び兼ぬるほどなり。何も第八哨に集めて検案し、白木の函に収めて山を下しつゝあり。

・第五聯隊付の将校は一廓をなせし官舎に住居して…中野中尉を除くの外は何《いずれ》も有妻者にして子女あり。…聯隊長の夫人が惨死将校の家族を見舞ひし時にも健気《けなげ》なる覚悟に感泣したるほどなりと云ふ。報知4

・発見死者の状態

靴の踵の擦破れたるは雪中を無我夢中に彷徨したる証拠となすべし。死体は多く眼を閉ぢず恰も生ける人の如し。外套は凍りて板の如く、足に穿てる藁靴も固まりて石の如く、鉈にて切らざれば取れず。殊に発見せる死体を見るに、皆青森の方に向ひ、多くは仰向け立往生の姿なり。帽子は吹雪に吹き飛されたるものゝ如く、顔は多く凍傷の為め赤く膨れて見るに忍びざる者あり。死体は第八哨に集めて検案し、青森より送れる白木の箱に納めボツボツ山を下りつゝあり。…発見死体総数は

23　二月一日　此日までに発見せし屍体は八十に上れり。

24　二月二日　太田中佐は工兵第八大隊の三百七十五名を率ゐて弘前より来着し、直ちに第五聯隊と田茂木野間の通路を開きたり。
御慰問使・宮本侍従武官は参謀本部の田村少佐を随ひ、午后一時第五聯隊に抵り、将校集会所に於て長友第四旅団長等の面前にて、津川聯隊長に対し口頭にて御慰問の叡旨を伝へたり。聯隊長は夫より直に衛戍病院に至り、山口少佐以下に厚き思召を伝へ、御菓子料を各自に与へしに、何れも感泣せり（将校には十円、兵士には三円づゝ）。

今朝、田代方面に向ひたる伊藤中尉が率ゐし捜索隊は大崩沢の炭木屋にて長谷川特務曹長、佐々木二等卒、阿部一等卒、小野寺二等卒の

既に八十に上れり。東朝2
・一の死骸に人夫四、五人を要する由。東朝1

・三日、工兵第八大隊将校以下三百五十七名…青森に到着し、直に救援捜索に従事…東日4
・侍従武官…宮本照明氏は…午后一時廿分、歩兵第五聯隊に臨ませられ将校集会所に至りて友安旅団長…の前に於て津川聯隊長に対し…口頭にて聖旨を伝へさせらる。…是に於て、津川聯隊長は…直に衛戍病院に趣き、山口大隊長以下遭難生存者一同に対し優渥なる御思召の程を伝へ、且つ御菓子料を給ひしに、何れも感極まりて泣ける程なりき。東奥4
・将校に十円…兵卒に三円。時事3
・今朝、田代方面に向ひたる伊藤中尉の率ゆる捜索隊は犬崩沢の炭小屋にて第七中隊の特務曹長・長谷川貞三、第五中隊二等卒・佐々木

四名が生存し居たるを発見せり。長谷川語りて曰く、去月二十七日、倉石大尉に属し腰まで雪に埋れて辛ふじて二人の兵卒と共に進みしに、誤て谷間に転墜せり。此時、十名斗りの兵士最早死を決し穴を掘り居たるより、激励して之を見合さしめ、自ら導いて高処に上りしが、手袋の取れたる故、用意の足袋を手に嵌《は》めつゝ進しに、其内に十人の兵を見失へり。然るに暫くして又三名に出会ひ伴ふて三間程進しに、雪の上に米の落ちあるを見、之を拾ふて懐にし歩する内、計らず小屋を発見したれば入り見るに、二十俵の炭俵あり。即ち炭を焚て元気を回復し、再び進行して西北に向ひ青森へと志したるに、方向を誤りて北東に進行するを知りしかば、更に方向を転じたるに、今度は氷塊に妨げられ、再び前の小屋に帰り、足踏摩擦などして絶えず身を動し渇を医《いや》して日を送りしが、二週間の後にあら

政教、第三中隊一等卒・阿部壽松、第七中隊二等卒・小野寺佐平の生存したるを発見したり。東朝3

・谷に落ちたる時、十人許りの兵が最早死を決して穴を掘り居れるより、弟はそんな弱いことを云はず我れに従つて来れと導きつゝ高い処に上りしに、手袋が取れたる故、用意の足袋を手に挿めなぞ為す内、十人の兵は何処に行きしや其影を認めざりし。其処より少しく隔たりたる処にて更に兵三名に出会ひたれば、伴うて三間程を進むと、雪の上に米落ちありたれば、此れぞ天の与へと懐に入れ歩行する内、図らず小屋を見付け其の一に入りしに、二十俵の米《ママ》俵と炭あり、夫れに火を焼き元気を恢復《かいふく》し、再び進行を続けつゝ西北に向つて青森へ着する積りなりしが、遂に方向を誤りて北東に進行し居たるを発見せしかば、更に方向を転じたるも、今度は氷塊に妨げられ

ねば救援至るまじと思ひたり。今日は多数の兵士が枕下に来り、吾等も共に助け呉れと叫びし夢やら　天皇陛下より御召に預る夢やら種々な妄想を夢みつゝ居る最中、傍らに積める炭俵の崩れかゝりて夢覚め、何者ぞと叫しに、外は救援の人々にて茲に生命を全ふしたりと云乎。立見師団長五聯隊に来る。第八師団参謀本部を第五聯隊に移したり。

夕方、田代元湯にて生存者・村松軍曹と兵卒の死屍一名を発見す。

村松軍曹は最初元湯に到りて湯を飲みしに、火傷したりといふ。生米と味噌とがありしより、之を噛み食ひつゝ毎日湯に入り居たりと。

又、田代附近にて高橋中尉が生存せるを発見したりといふ。

夜午後八時半、山口少佐終に死去す（少佐は入院後、経過よくして熱もなく、脈搏確にし

再び前の小屋に帰り来り。足踏み摩擦等にて絶えず身体を動かし、且雪を噛りつゝありしが、其夜、多数の兵卒が枕下に来り、我等も共に助け呉れと叫びし夢やら、天皇陛下が弟を御召になつた夢などを見て居る最中、傍に積みありたる俵の頽《くず》れかゝりて遂に救ひ出されしと申し居たり。時事5

・第八師団司令部、当分の内、歩兵第五聯隊内に出張所を設く。東朝3号外

・田代元湯に於て生存者伍長・村松文彌外に死体一発見せり。東朝4

・村松文哉…は温泉場に潜み居る中、渇したる儘湯を飲みたるに、忽《たちま》ち火傷せりと。時事5

・村松文哉…は…毎日湯に入りては生米を噛み味噌を嘗め…一命を保ち居りしと。東朝7

・大橋中尉は田代附近に生存し居れり。時事4

・山口少佐の臨終

少佐は入院の時まで熱なく脈たしかにして、

て水も薬も飲み、三十一日迄は精神も異変なかりしが、今日　陛下の御見舞詞を頂戴し深く感激したる様にて彼の恩賜の菓子料を両手に捧げて押返し、聯隊長の注意によりて終に拝受したるが、之より熱加はり呼吸迫り、師団長が見舞として病室に入らんとしたる時、死去したりといふ）。

25

三日　友安第二旅団長及び津川第五聯隊長は進退伺を提出す。立見師団長は今回の事変に付、臨時支出七万円を請求す。

侍従武官は立見、友安の両将校及び山之内知事と共に午前十一時、第八哨所即ちシギノ木森下の哨舎内にて彼の新発見されたる長谷川特務曹長に向て　大君は痛く宸襟《しんきん》を悩ませ給ふと述べたるが、長谷川は感動して大に泣けり。（第八哨舎は幅一間長さ二十間程の一棟

水も薬も飲み、昨午後三時まで精神に変□なかりしも　陛下の御見舞に接し、深く天恩の忝なきに感激したるさまにて、恩賜の菓子を両手に捧げて押返し、聯隊長の注意に依り拝納したるが、夫れより熱加はり呼吸迫まり、恰も立見師団長見舞として入来り、四、五間前きに現はれたる時、終に死去せり。日本4

・旅団長友安少将、聯隊長津川中佐は一昨日、何れも進退伺書を其筋に呈出したり。日本5

・立見師団長は今回の事件に付、七万円の臨時支出を其筋に請求せり。時事4

・侍従武官は第八哨に於て新に発見せられたる長谷川特務曹長に向ひ、天皇陛下には君等が遭難のことに付、痛く宸襟を悩まさせられ給ふと述べたるに、長谷川は感泣して暗涙に咽《むせ》びたり。時事4

・第八哨は方二十間程の広き一室に屍体を収容

にして、其内に医務室もあり、二日迄に取扱ひしは生存者十六名、死屍九十一名といふ。哨長は上田大尉也）田村少佐は田代に至りしが、途中吹雪に悩みたり。

夜に入り、降雪の為め侍従武官は困難を嘗め夜遅く青森に帰着したり。

死屍十八個を発見す

四日　捜索救助の為め、第三十一聯隊より士官以下二百九名と輸送監視の為め輜重《しちょう》隊より士官以下五十八名青森に来る。

捜索隊は兵士千六百人、人夫千四百人となる。

遭難事務に就てはすべて多忙を極めて戦事よりもはげしといふ。

今日は降雪甚しく、為めに午後は捜索を中止

し、別に医務室の設あり。同哨に於て今日まで取扱ひたるは屍体九十一名、生存者十六名に達し、…哨長は上田大尉なり。時事4

・侍従武官は本日午後一時、田代に赴きたるが、途中大吹雪に遭ひて頗る困難したり。時事4

・宮本侍従武官　昨日午後九時三十分、田代を発し困難を極めて帰着せり。東朝5

・捜索援助の為め、歩兵第三十二《ママ》聯隊より士官以下二百九名、輸送監視のため輜重隊より士官以下五十八名を本日当地に招致せり。午後天候険悪、大吹雪となれり。東朝6

・目下捜索隊に使用せる兵卒は千六百名、人夫は千四百名…。東朝6

・営内には将校・下士の東西に奔走して居る有様、殆《ほとん》ど戦時に異らない。中央3

・今朝来、天候極めて険悪。為めに捜索及死体

したり。但し捜索工兵隊は田代迄行けり。屍躰十個発見せり。何れも氏名判明す。

26

五日　昨夜来大吹雪にて捜索隊の連絡絶へ、人夫の逃去するもの多し。風雪の為め哨所の崩破したるものは更に建設の準備を為したり。捜索隊には凍傷者三百名を生ずるに至り、今は捜索隊の保護に尽力す。

今日積雪四尺を増したり。

今度の遭難地は実地見分するに、積雪思ひしよりも少くして、賽の河原如きも五尺に過ぎず、勿論、渓谷の如く凹《くぼ》める処は雪甚だ深けれど、他は概して浅く、甚しきは枯草の風に靡《なび》ける処さへあり。斯れば一隊は何故に雪穴を掘て其中に籠らざりしやの疑は解けたり。又、何人も食物欠乏が致死の一源因ならんと思へども、死者の背嚢中には多くの食物あり。賽の河原に発見されたる死者中にはパンを握

の運搬等実施する能はず。時事5

・姓名の判明したる屍体は…十名なり。東日7

・風雪止まず捜索出来ず。（五日午前青森発）昨日来の降雪・強風、今に止まず、積雪四尺を増し糧食運搬の人夫逃げ、且つ前方哨舎破壊し捜索に従事する能はず。目下は捜索隊保護に力を竭《つく》しつゝあり。東朝6

・捜索隊に生じたる患者約百名…。東日8

・雪は世人の予想せしが如きものにては非らざりし。素より渓谷の如き凹みたる処は当然に甚だ深きも、他は概して雪浅く、甚だしきは枯草風に靡ける所さへあるほどにて…賽の川原附近も積雪五尺位に過ぎず。思ふに積雪の状況既に斯の如し。何故に一隊努めて雪穴を掘らずして敢無き最後を遂げしやを疑けるゝに似たるも、実際は然らず。東日3号外

・初め余等考ふらく、食物の欠乏亦是れ致死の

りたるまゝ倒れたるあり。又、往々缶詰などの散乱しつゝありて、決して食物に不自由したりとは見へず。されば雪穴は掘るに途なく、樹木の蔭の倚《よ》るべきなきケ所に寒気酷烈の為めに致死せしものたる事は疑ふべからず。凡《およ》そ雪は零度の温度を保もの故、雪中に埋り居れば夫以上の寒気には冒されずといふ。

27

生存者は大抵手又は足の切断を行はざるべからず。甚しきは四肢悉く切断すべきものもあり、耳と鼻とは大概無く、稀に存するのは耳のみなりといふ。又、陰部もみな凍傷にかゝりたり。這《これ》は下袴の釦を外して便を為す故なり。又、凍傷者は大抵手袋をかけ居らずとい

一原因なりしならんと。…背嚢の内ポツケツトの中、優に両三日を支ふるに足る食物を持てるものもありし。…賽の川原附近に於て発見せられし三十余の死体の中にはパンを握れるもの往々あり。牛肉の缶詰なども彼方此方に散乱しありたり。…雪穴を掘るに道なく、樹木の又倚るべきなく、…酷烈なる寒風に緊として凍却したるのみ。東日3号外

・雪は零度の温度を保ち居るものにて…雪中に埋没し居る時は寒気割合に感ぜざるものなりと軍医は語れりと。東朝3

・多く手か足の切断を要すべし。甚だしきは全く四肢を切断し了る者あるべしと。日本3

・耳と鼻とは殆んどなく、稀にあるは耳のみなり。陰部の凍傷多し。是れ釦を外づして小便すると、ヅボンを脱して大便するためなり。
日本4

ふ。是れ指頭のはれるよりして、手套の爪先を破り、痛みは次で指に及び、終に全く之を脱ぎ棄てしものなりといふ。

・発見せらるゝもの多くが手套を着け居らざるは、手套を着けて爪先の痛み烈しきにより、先づ手套の爪先を破り、痛み猶復た指に及ぶを以て…遂には手袋を捨つるに至るなりとぞ。

日本4

16「彼の後藤伍長」により、この著者が第三者的立場の者であることがわかる。

16の後藤伍長発見の場面は一月二九日の『東奥日報』が初出と考えられる。多くの新聞が引き写しにしているが、同紙には「一、二歩動きたる」と後藤伍長は歩いていたと記されている（拙著『後藤伍長は立っていたか』増補改訂版に詳述）。

16「田茂木野の東南に於て神成大尉及後藤伍長を発見す、今休憩中と。此単簡なる語よりして、聯隊にては扨は神成大尉は先鋒となりて帰途にあるものかと大に安堵」のように、第一報は吉報であった。このことについては、前項同書に記述した。なお、二月三日付『時事新報』には「公電の訂正について」という見出しで次のようにある。

⒂ 其筋に達する電報は成るべく確実を期すること勿論なれども、今回の如き急変に際しては拙速を尊ぶの筆法にて、あらゆる目撃したる事実を口頭にて即時に報告せしむるより、往々錯誤を免れず、去る二十六日の朝、援護隊の先鋒が後藤伍長を発見したる際、神成大尉の一行の前進

者たることを認め、伝令は直に其趣を逓《てい》伝哨に転伝し、遂に第五聯隊本部より、先鋒隊の一部を発見した、全部無事の見込みと、立見第八師団長へ電報したることあるなど意外の相違を来すことあるも、直に訂正し来る等、公電に数々訂正あるは全く急速を重んずると共に、幾多の逓伝哨を経て転伝し来るためなりと云ふ。

20、21「三十一日」が重複している。このことから、驚愕子は自ら『始末録』を書いたのではなく、他書を引き写しにしたと推定される。

21「伊藤中尉」は「中野中尉」の誤り。事情は次の⒃、⒄の通り。

⒃ 中尉伊藤格明氏は山形県東村山郡明治村に籍を有し、慶応元年五月生れなり。夫人ヤエ子（明治六年二月生）、長男格郎（明治二十七年十一月生）、次男紀久郎（明治三十一年十一月生）、三女トシ子（明治二十四年二月生）。明治二十四年十月赴任。山形1

⒄ 第五聯隊第八中隊歩兵中尉・中野辨二郎氏は、今回凍死の惨運に会はれた一人で、未だ夫人も子もいないが、其官舎には只一人の老ひたる北堂がある。山形6

24「長谷川語りて曰く」は、新聞記者に語った兄の話（時事5）。『始末録』後段の「長谷川特務曹長の談」（33〜）と重複しているが、これによっても、他書からの引き写しと判断される。

24「高橋中尉」は「大橋中尉」の誤り。「長友」は既述。

24「少佐は…死去したりといふ」は、二月四日の『日本』の記事を参考にして書いたものと思われる。この24の資料をもとに弘前大学医学部の名誉教授・松木明知は、中原貞衛軍医が青森に来た目的は「山口少佐を『消す』ことであった」という考えを記している（『雪中行軍山口少佐の最後』二二五頁）。いわゆる「クロロホルム密殺説」だが、このことについては拙著『後藤伍長は立っていたか』に詳述した。本書の著者は決してこの説を採らないが、変死を疑うのであれば、次の武谷一等軍医正の話の方が参考になろう。

⒅　山口少佐は自殺したのだなどの噂を耳にしましたが、それは全く無根です。併《しか》し少佐が初めから死を急がれて居たのは事実です。病院へ来てからも何《ど》うか毒薬を服まして呉れと度々請求され、聯隊長や病院長に種々説き諭されました。病院へ収容した時は言語も確であつたけれど、精神が太く昂進して居て、侍従武官が見舞はれた時も御下賜品を頂戴仕る謂《いわ》れなしと再三再四辞退されし程で、夫れから急に心臓が高まり、遂に心臓麻痺を起して二時間経ぬ間に死なれたのです。時事15

これでも謀殺があったというなら、児玉陸軍大臣・立見師団長・津川聯隊長・前川衛戍病院長・中原一等軍医・武谷一等軍医正らは、いずれもグルだったことになる。それに、わざわざ「何うか毒薬を服まして呉れと度々請求され」などと公言するのもどうかと思う。

〔附随記録〕

28

嗟《ああ》、滅亡すべき時なりしか、生くべからざりし運なりしか。第五聯隊の二百余人の悲惨なる遭厄は、実際に人力を以て防禦すべからざりし冱寒と戦ひしものなりしか。将ゝ雪中行軍としての準備の足らざりしが故なりしか。将ゝ之を率ゐし将校の不注意無経験より生じたる罹災なりしか。果して是等の何れが今回の大災害を不幸なる多数の壮年者に加へしかは今日俄かに確判しがたし。然れども、災厄は時なるかな〳〵、第五聯第二大隊の不幸に引換へて、他の極めて少数なる雪中行軍隊が恰も第五聯隊第二大隊の行軍と同時に冱寒と戦ひ風雪と争ひ、而も幾多の高山深谷を跋渉《ばっしょう》して長日間の辛苦に堪へ、一名の損傷もなく始尾よく行軍の目的を遂げたる同じ第八師団下なる第三十一聯隊の福島大尉が率ゐたる行軍隊の状況を参考の為めに左に記録すべし。

傍線部、特に準備不足、不注意、無経験を指摘したあたり、⑴「軍への痛烈な批判」に相当すると思う向きもあるだろうが、既に述べたように、こうしたことは普通に新聞で指弾されていたのである。参考までに、ここでは二月四日の『国民新聞』二面の社説を掲げる。

⒆ 軍隊凍死事件

夫れ今回の椿事たる、之れを天災地変と同様に、全く不問に附し去るべきものなりや。軍隊の凍死は不可抗的勢力の為めに強圧せられ、遂に如何とも為し難かりしものと見るべきものなりや。…第二大隊行軍の目的は田代に一泊行軍をなし、雪中田代越を経て三本木に到ることを得べきや否やを確かめんとするにありと伝へらる。目的既に此に存したりとせば、天候の変化、暴風の襲来、道路の険悪等は素より算中に措きたるなるべし。問題は斯の如き予想に対して、充分なる被服を整へ、食糧を携へ、其の設備に於て欠くる所なかりしや否やに存す。是れ最も究めざる可らざる要件なり。若し夫れ行軍隊が予期せざる雪嵐に遭遇したる時に方《あた》り、指揮官の措置果して其宜しきを得たりや否やといふが如き、亦た明にせざる可らざる必要あるを見る。

29

一月二十日を以て、福島大尉は兵士三十六名（此内一、二人の下級士官ありしは必然）と東奥日報記者一名とを以て雪中行軍を行ひ、黒倉山、岩森山、赤倉山、十和田山、小倉山、犬吠山、御嶽山、若竹山、戸来山、尾長台、八甲田山等を跋渉して、無事に二十八日夜二時に田茂木野へ到着したるが、其一月廿七日には田代に宿営すべき目的を以て尾長台山を降り、田代より一里許りの手前迄来りしに、日已《すで》に暮れ、風雪甚しく、已《や》むなく軍歌など歌ひ、連れて二丈余の雪穴を穿《うが》ち、松の枝など拾ひ集めて焚火して僅に露営し、二十八日の暁には餅を朝餉《げ》と為し、夫より八甲田山指して進みしに、山は登るに随ひ雪漸次に浅く、頂上には些少の雪無けれど風力猛烈にして直立すること能はず。此折、山頂にて二名の兵士の死躰の横はるを発見し、多分兵士の自殺を行ひしものならんと思ひ、傍らに落ちたる

・歩兵第三十一聯隊福島大尉外三十六名、東奥日報記者一名、去る二十日以来、黒倉山、岩森嶽、赤倉山、十和田山、小倉山、犬吠山、御嶽山、若竹山、戸来山、尾長台、八甲田山に登り、昨朝、当地まで帰着せり。

東朝31号外

・二十七日、田代に宿営すべき目的にてオナガダイ山を降り、田代より一里程前まで来りしが、日既に暮れ、風雪亦甚しかりしより、已むなく軍歌など唄ひながら二丈余の雪穴を穿ち、松の枝など拾ひ集めて之を焚き、此処に漸く露営せり。明けて二十八日の暁には携帯の餅を以て朝餐《さん》に代へ、夫より八甲田山指して進みしに、山は登るに随つて雪漸く薄く、頂上には少しの雪もあらざりし。唯、風力猛烈にして直立すること叶はず。此時、山上にて二個の屍体を発見せしが、多分兵士の自殺せしものならんとて、傍に棄てありし軍銃二

二挺の軍銃を拾ひて山を降れり（二個の兵士の死屍は疑もなく第二大隊の兵士にして、二十七日に雪中を歩いて此山上に迄到りしものなるは疑ひなし）。一行は是より幸畑に出ん目的なりしが、道を失ひ、非常なる艱苦の後、夜の二時に田茂木野へ到達したりしが、田茂木野には兵卒充満して容易ならぬ有様に、茲に初めて第五聯隊の惨事を知りしといふ。一行は険山深谷を攀登滑下して幾多の辛苦を嘗め、寒暖計摂氏零度下十三度の処に降りしことに出逢ひしが、唯三名の凍傷者を生じたり。尚ほ一行は文殊山、原子山に登るの予定の処、師団長の命により俄かに帰営を命ぜられ、三十日午前七時、田茂木野を出発したりと。

挺を拾ひ取りて山を下れり。東朝1

・右凍死せる二名の兵士は蓋し第五聯隊付属のものなりしならんと信ぜらる。時事31

・一行は是より幸畑に出づる目的にて其方向に道を取りしが、何時の間にか道を失ひ、非常の艱苦を嘗め、漸く其夜の二時、田茂木野に到着するを得たりしなりといふ。東朝1

・茲に初めて第五聯隊遭難の報に接し…東日2

・積雪二丈余、寒暖計摂氏零度以下十三度に下れることあり。一行は雪を泳ぎて進み、非常の辛酸を極めたるも、三名凍傷者を出したるのみにて、其他は皆無事なり。尚、文殊山、原子山に登る予定の処、立見師団長の命に依り、本日午前七時当地出発…。東朝31号外

福島隊が八甲田山中で二遺体を発見したことは、(1)「軍にとって不利な部分」でもなく、「ヤミに葬った」わけでも、さらには「極秘事項」でもなかったことがわかる。この部分は一月三〇日の『東奥日報』号外に載った「三十一聯隊雪中行軍隊　最後の三日」に拠るもので、同社の東海勇三

郎記者が書いた従軍記を元にして書かれている。参考に供するため、次にその一部を掲げる。

(20)　山上を徘徊するや、兵士の死屍一個を発見せり。嗚呼、是れ何者ぞ。或は云ふ自殺者ならんと。誰か図らん、是れ予等と同じく雪中行軍の途に上れる五聯隊の惨死者なんとは。然れども死屍は如何ともすべからず。予は即ち傍に棄てありし軍銃二挺を肩にして山を下る。

29に田茂木野で初めて第五聯隊の惨事を知ったとある。対して驚愕子は（疑もなく第二大隊の兵士にして…此山上に迄到りしものなるは疑ひなし）と書いており、齟齬を生じている。おそらく29の「誰か図らん」は（誰が推測できただろうか）の意ではないか。服装等から第五聯隊の兵士であることはわかったが、一個中隊約二百名が全軍凍死と考えられるほどの大惨事だということを田茂木野で初めて知ったということであろう。「図らん」は「測らん」と理解した方がわかりやすい。

〔再び本記に回る〕

30　第五聯隊の遭難隊将校氏名　・凍死将校の貫属年齢　は左の如し

大隊長少佐・山口鋮（四十五才、東京市）、　山口少佐　東　京　四十五

第五中隊長大尉・神成文吉（秋田）、第六中隊長大尉・興津景敏（熊本）、第八中隊長大尉・倉石一（山形）、第七中隊長中尉・高《ママ》橋義信（山形）、此の外、中尉・伊藤格明（山形）、中野弁次郎（北海道）、水野忠宣（神奈川（和歌山親藩三万石家老ノ家）、少尉・鈴木守登（青森）、三等軍医・永井源五、三等看護長・桜井竜藏、特務曹長・佐藤勝輝、小山田新、長谷川貞三、今井米雄、見習士官・今泉大三《ママ》郎（二十三歳にして佐賀県人なり。陸軍大学校七百人の中、第一の器械体操、角力《すもう》の優者にして身体甚だ強壮にして骨格雄壮なれば、軍人としては申分なき人物なりしといふ）、田中稔。

興津大尉　熊本　四十四
倉石大尉　山形　二十九
神成大尉　秋田　三十三
伊藤中尉　山形　三十六
中野中尉　北海道　卅四
水野中尉　神奈川　卅四
大橋中尉　山形　二十七
鈴木少尉　青森　二十三
永井軍医　石川　二十五　萬朝31

・見習士官今泉三太郎
佐賀県士族にして…資性磊《らい》落にして頗《すこぶ》る気概あり。体格亦た長大。同期生七百人中、器械体操、角觝《すもう》等に於ては一人の彼に及ぶものなく、軍人的動作に於ては申分なき者の一人なりしといふ。萬朝3

30山口少佐の名前「鍼」については既述。30「四十五才」とあるが、一月二九日の『東京朝日』では「東京府士族四十六年」となっている。また、「見習士官今泉三太郎」の人物紹介は、二月三日付『萬朝報』に次のようにある。

(21) 在学中、鉄棒の倒立より宙返りをなして両足に重症を負ひしことあり。当時、軍医麻酔剤を施し手術をなさんとしたるに、彼れ肯《がえ》んぜずして曰く、我今後将校として戦場に臨む。負傷は常なり。然るに其都度麻酔剤を服して手術を受くる如きは予の忍ぶ処にあらず。乞ふ直ちに手術を施せと。軍医、刀を執り前脛肉三寸余を削り取りたるも平然自若たり。是より以後、豪傑を以て同人間に許されたりと。年廿二年五ケ月。

31

遭難隊の失策

遭難隊が地図を携へざりしことを参謀本部の田村少佐に第五聯隊は甚く詰叱せられしといふ。這《これ》は尤《もっとも》の事なり。

六日　天候尚回復せずして、一部分の外、捜索を行ふ能はず。兵隊は更に哨舎の修繕及道路の改築に従事せり。

・行軍には必ず図面を持参せざるべからずに、五聯隊今回行軍に図面を持参せずとて、田村少佐に詰責せられたりと…。日本4

・風雪激しく雪四尺を増し、捜索隊は皆後方に引揚げ、其の他は哨舎を構築中なり。（五日午後青森発）東朝6

七日　午前九時頃迄風雪甚しく、捜索は見合せしが、其後は天候回復して依然捜索を為したるも、発見する処なし。

生存者中、重傷に陥りたる阿部、佐々木、小野寺三兵士の四肢を切断せり。紺野は死亡す。

八日　捜索隊は死屍五ケを発見す。師団長は第八哨舎に宿泊す。

後藤軍曹の四肢を切断す。佐々木死亡す。小野寺は死亡す。

九日　風雪にして寒気強く、大部分の捜索は出来ず。師団長は猶ほ滞在す。三浦は両足の股下を、小原は両手の拇指を除き他の四本を、後藤兵卒は両股下股脛とも中央より切断す。

死躰二ケを発見す。

十二日　鳴沢附近に於て興津大尉外十二名の兵卒の屍躰発見す。興津大尉は兵卒吉田春松の膝を膝にして共に凍固し居たり。写真班長は其まゝ第八哨に運び来らしめて之を撮影

・午前九時迄吹雪烈しかりし為め、捜索見合せたるも、其後天気稍や回復…捜索を開始したり。左れど発見したるものなし。時事9

・生存者・阿部壽松、佐々木政教、小野寺佐平の三名は今日四肢を切断せり。紺野市次郎は今日午後一時、死去せり。東朝8

・師団長は本日も第八哨所に泊れり。東朝10

・後藤房之助の施術をなし、両足両手をも切断せり。二等卒佐々木正教本日死亡す。報知10

・午後は吹雪となり…捜索出来ず。東朝10

・伍長三浦武雄は両足の股下三分の一部、伍長小原忠《ママ》太郎は両手の拇指を除きほかの四本の指、二等卒後藤惣助は両下脛とも中央より本日切断す…死体二を発見。報知11

・一昨日発見せる一等卒・吉田春松は興津大尉に膝枕をなさしめ、体にて其上を蔽ひ介抱せしまゝ自分も共に凍死し居るを見、捜索隊は何れも感涙に咽《むせ》ばざるなく、其実況を天覧に

し、以て天覧に供することゝせり。吉田は身を以て大尉を覆ふが如くにして死し居て、其状姿、何人も涙を流さゞるは無かりしと。

供するため、陸地測量部の外谷写真班長は第八哨舎の前にて其儘の状態を撮影したり。

東朝15

31「後藤軍曹」を見ても、鷲愕子が事情に疎いことがわかる。後藤伍長は後に銅像になったように勇名をとどろかせたのであって、(6)「敢えてわざと誤って記した可能性も考慮に入れる必要」はあるだろうか。鷲愕子は9、16、20ですでに「後藤伍長」を使用しているのである。ただ、なぜ鷲愕子が「軍曹」を使ったか推測できる資料がある。次は一月二九日付『東京朝日』。

(22)歩兵第五聯隊第二大隊長山口少佐(鉦)以下二百十名は、去二十三日、田代村へ行軍の途中、大雪の為め進こと能はず露営せしが、軍曹一名の外、皆凍死せること昨日に至りて明瞭せり。

また、我が身をもって将校を介抱し死んでいった、31「吉田春松」だが、その後これは間違いで実は「軽石三蔵」であったと訂正された。このことについては第五章で詳しく述べる。

32 三月下旬迄ニ大分ノ死躰ヲ捜索シ得タルガ、今泉少尉ノ死体モ水中ニ発見セラレタリ。

(註・今泉少尉の死体発見は三月九日)

捜索隊ハ百六十名ナリ。

四月十九日　鳴瀧ニテ一ケヲ発見セリ。猶ホ大橋中尉及兵士二十三名を発見せずといふ。鳴滝附近に積雪五尺、渓谷にては二十尺もありといふ。

諸方より五聯隊に集りたる義捐金は十六万円に及べり。尚ほ、政府よりは卒一人に二百五十円、軍曹には三百円より四百円、少尉には四百五十円、中尉には五百円斗りづゝ、大尉は六百円斗りづゝ下賜せり。

（五月十五日に記ス）四月十九日降、ポツリ〳〵と発見セラル。屍体中、大橋中尉もありたり。今、八名不明。　　　（註・大橋中尉の死体発見は五月一日）

五月二十日後、四名発見し四名未発見。


32にある三月から五月下旬までの情報は細かく調査していないが、新聞紙上で伝えられたものと考えられる。少なくとも特殊な情報ではない。

また、32「水中ニ発見セラレタ」「今泉少尉」に関し、二月一三日付『国民新聞』第六面「倉石大尉遭難陳述書」の一月二十九日の項には次のようにある。

(23) 今泉見習士官は一名の下士と谷溪中を下り村落を捜索するの目的を以て流れに入り、行衛不明となれり。

この「谷溪中を下り」を裏付ける資料としては、生存者・小原忠三郎元伍長が雪中行軍研究家の小笠原孤酒に送った書簡があげられる。昭和四十四年六月廿二日付の文面には次のような一節がある。むろん小原元伍長の自筆である。

(24) 今泉見習士官が行軍の惨状を原隊に報告するため大滝に飛び込んだのです。

これよりして、9「今泉見習士官…は下士一名を伴ひ路を見定むべしとて川を下り行きし儘、遂に帰り来らず（一説には氏は果なく河中に倒れたるより〔滑りてか〕」の「滑りてか」という推測は当っていないことがわかった。この生存者の証言は相当に重い。さすがの(21)「豪傑」も寒中の川に飛び込んだのでは、いかんせん無理であった。

今泉見習士官は二月二日付で昇級し、少尉となっている。

未発見の四名は、小野寺善四郎、遠藤六兵衛、吉田留吉（いずれも一等卒）と佐藤勝治上等兵。最後の不明者・佐藤上等兵が発見されたのは五月二八日であった。

（別報）長谷川特務曹長の談

33

（最も真摯にして有益なる事歴なり）

二十五日　午前三時頃、全隊と共に露営地を出発したるが、前日の如く大吹雪なりき。前一千米突斗にして方向の誤りあるを知り転回せる時、自分は頗《すこぶ》る健全にして漸次歩を進め、二、三の将校を超へて先登と為り、余程大隊より前方に在りたるが、自分の前方に尚一上等兵の前進するを見たり。此時、夜未だ明けず、風雪激烈にして咫尺を弁ぜず。為に前方行進路を確知する事頗る困難なり。此時の進路は急峻なる雪崖にして、足を失して遂に谷間に落ちたり。谷間には自分より以前に陥落したる三名の兵卒ありて、已に死を決したる様子にて、三人の横臥し得る雪穴を作り背嚢

・午前三時頃、露営地を撤して帰路に就けり。然るに、此日も前日同様の大吹雪にて、行進甚だ難渋なれば、遂に中途にして再び前夜の露営地に引還すことゝなせり。此際、自分は一隊の先頭に在りて進みしが、尚一人の上等兵ありて、自分の前方に起てるを見たり。行くこと里許、夜未だ明けず、風雪益々加はり寒威彌々《いよいよ》強し。一行は此時不幸にも進路を誤り嶮崖より滑り墜ちたり。谿間には自分より も前に転落し来りたる三人の兵卒ありて、三人の横臥し得るだけの雪穴を造り、各自の防寒用外套に《ママ》雪の上に布き枕を並べて打臥せし様は全く死を決せるものゝ如し。自分は此三

を卸し、又、防寒外套をも脱し之を雪上に敷き、三人枕を並べて雪を被りて死を待つの準備終りたる処なりき。自分は説ひて三人を喚起する事を努めつゝある内、又一兵転落し来れり。是れ先に予の前方を行進し居たる第六中隊の上等兵なりき。是に於て益三人の兵卒を鼓舞せり。上等兵は尚健全にして自ら先導たらんことを乞へり。暫くして三人は又々武装を整へ、上等兵はガンヂキを穿て先導となり、沢を下ること約五十間にして上等兵と自分とは意見の衝突を来せり。即ち上等兵は飽迄も此谷間を降れば青森に向ふを得るものと深く信じたるものゝごとく、自分は谷間より漸次傾斜に沿ふて高地に達するの意見なり。此由を伝ふる内、上等兵はヅン〳〵前進を続行して遂に相離るゝ事となれり。此より自分は高地に登らんと試みしも、ガンヂキ無く、雪又深くして迚《とて》も登ること能はざるより断念

人を喚起しつゝある間に又一人の転落し来れるものあり。是れ先きに自分の前方に起てるものにて、第六中隊の上等兵なり。自分は上等兵と共に横臥せる三人を起し、武装を整へしめ、上等兵の先頭にて約百米突程沢を下り往り。茲に自分と上等兵との間に意見の衝突起り、上等兵は飽くまで此谿間を下れば終に青森に達するを得べしといひ、自分は漸次傾斜に沿ふて行かば高地に達するを得べしと主張せり。上等兵は遂に自分の意見に従はず、ヅン〳〵思ふ方向に進み行き、自分も亦自分の思ふ高地に向つて登り行かんとせり。然るに自分はカンヂキを穿たざれば、如何にしても丈余の雪を踏み上ること能はず。遂に断念して元の三人覚悟の地に引還せり。此時、又一人の転落し来りたるものあり。第八中隊の上等兵にて、是れも足踏滑らして墜ち来れるなり。五人一団となり、更に方向を議《はか》りしが、

して、元三人覚悟の処に引返せり。

然るに此処に又一名の兵卒陥落し来れり（是第八中隊の兵士なり）。是に於て五人一団となりしが、先の上等兵の背嚢上に附着せる外套の雪崖下に落ちある（如何なる理由に依り外套を背嚢に附着し、防寒外套のみを着せしかは之を問はざりし故、知る能はず）を拾ひ之をガンヂキの代用と為し傾斜を上る事に決せり。其方法、外套を前方に送り、之を踏附ては又外套を前方に送り、又踏附て前進するなり。斯くしても、急激なる傾斜を上らんとするは、今しがた上の方を人の通りたる声を聞附け叫びたるに、彼亦答へたるに由る。漸くにして上に登り、多数部隊の進行方向を偵察中、佐々木正教、小野寺佐平の二兵卒の来るに会せり。因て七名となる。此二名は頗る健全にして、自分に共とせんと乞へり。是に於て自分は大隊の行進方向を捜索するを断念

偶々《たまたま》以前の上等兵の背嚢に附着せる外套の雪崖の下に落ちあるを発見したれば（上等兵が如何なる理由にて外套を背嚢に附着し置きしか問はざれば知る能はず）之を拾ひ取り「カンヂキ」の代用となさんとす。其方法は、外套を雪の上に敷きて之を踏みつけ、踏みつけては前方に送り、踏みつけては前方に送りして進み行く考案なり。此奇策、辛うじて効を奏し、漸く高地に達するを得たれば、五人先づ以前此の高地を通行（自分等谿間に在りたる時、高地にて人の通行せるものあり。自分等の呼ぶ声に応じて此処へ〳〵と叫びたり）せる兵卒等の行進方向を偵察せしが、此時、佐々木政教、小野寺佐平両人の来るに会し、茲に七名となれり。佐々木、小野寺二人は共に健全にして、自分に随ひ青森に向はんことを請ふて止《や》まざれば、自分も全く大隊の方向を捜索することを断念し、一刻も早く青森に

して青森に至り速に報告するに決心し、三人交々先頭となりて西北を指して谷を下れり。其間、三名の兵卒は余程遅れしが、阿部上等兵は遅れ乍《なが》らも随行し来れり。進路の前方に一名の兵卒ありと阿部は叫びたるが、共に集合して前進を継続せり。前日来の飢餓と寒気とは已に大に疲労を来らしめたるが、雪は前日に倍して行進の困難名状しがたし。他の者は遂に後れしが、自分と佐々木、小野寺三人は勇を鼓して前進し、森林を越へ谷に出で稍《やや》平なる雪野に出しを以て、西北を指して直線に下れり。

時に午後二時頃なるべしと感じたり。約五百米突前方には雪堆《うずたか》くなり居るを発見し、或は小屋の在るならんかと判断し、歩を早めて之に向て進み、五十間斗りに近て確に夫と覚り、他の兵を呼び、其由を知らせたり。其時、一人は已に倒れて見へず、此処に達したるは実

還り、此顛末を報告せんと決心し、三人交《かわ》る〳〵先頭となり、西北指して進み行けり。此の間、三人の兵卒は後《おく》れて来れり（途上安部壽松外一人又之れに加はる）。此日、飢餓と疲労一時に加はりて困難名状すべからざるに至り、健足なる上等兵も遂に後れて其の影見えずなりぬ。三人また交る〳〵先頭となり、森を越え谷を渉り、僅に一の平野に出でたるは午後二時頃ならんか。是よりは一直線に西北指して進み行けり。行くこと約五百米突、前面に雪堆く積れるを発見せり。自分は或は小屋の雪の覆はれたるものならんかとて足を速めて百米突前に近づき見しが、果せるかな、一の炭小屋にてありき。自分は雀躍して他の兵卒を呼び、共に此小屋に入らんとせしが、如何にしても其入口を発見すること能はず。依て各自手分けして入口らしき方向を見定め、雪を掘り、穴を穿ち、辛くも這《はい》込むことを得

に自分と、佐々木、阿部壽松、小野寺の四人なりき。

炭小屋に達したるも、容易に其入口を見出す能はず。各手配して之を捜索して漸くに東南方と覚ゆる方に入口を発見せしも、尚ほ容易に入ること能はず。因て穴を穿ち小屋に入れば、三分の二以上は炭俵にして、三分の一は掻集めたる炭なり。乃ち小屋の内は炭を以て満たされたり。協議して小屋の外に三十俵斗りを持出したるが、其傍にも炭小屋様のものありたるも、小なるより開掘せず。

四人は炭小屋の炭俵を敷きて各坐を造り、幸ひにも燐寸《マッチ》一箱を所持せるも、氷りて遽《にわ》かに用ふる能はず。工夫を凝らし煖めたる後、漸くにして火を笹に伝ふることを得たり。先づ飯盒に雪を盛り、之を解かして第一着に飲せり。其時の愉快、何とも云ひ難し。日は已に没せり。炭火の為め、手足も稍自由となりしたり。小屋に入れば内は殆んど炭を以て満され、其内三分の二以上は炭俵にて、三分の一は掻き集めたる炭なりき。自分等は相協力して此炭俵を小屋の外に出すことゝなし、凡そ三十俵計りを運び出せり。此時、自分の外は佐々木正教、安部壽松、小野寺佐平なりし。斯くて炭俵を取り除き、各自の座を作り、火を焚かんとて、所持する一函のマツチを取出せしが、凍結を以て俄に其用をなさず。種々工夫を凝らして之を煖め、漸く火を笹に伝ふるを得たり。四人は火を得たるに大に喜び、先づ各自の飯盒を取出して之れに雪を融かし第一着に呑み始めたり。此の時の快味、何に譬《たと》へん様もなし。是より雪を融かしては呑み、呑みては融かし、暫時快飲に余念なかりしが、炭火のために手も漸く自在となりしかば、是より各自所持する食物の総《すべ》てを出すことを命じたり。其取出したる食物は実に左の如くな

を以て、時計を出して時間を鑑考して捻子《ねじ》をかけ、又数回湯を造りて飲みたる後、各自の食料の総てを集めて点検したり。

特務曹長は餅一。阿部は糒四袋に餅二。小野寺は餅二。佐々木は餅一。

是に於て其夜の食料として餅一ケづゝを食することゝし、阿部には疲労甚しきより餅二つを食はしめたり。

然るに、此に一つの危険出来せり。

乃ち、最初炭小屋に入るに際し、大なる勉強を以て炭俵を出し、又掻集めたる炭の若干を除去したるも、遂に地に達するを得ず。為めに炉と仮定せる周囲に雪を置いて、以て周囲に延焼するを防ぎ取敢ず火を伝へたるにて、各自の睡《ねむり》に就く前は常に雪を以て防ぎたれば危険なかりしも、各兵は身体に暖気を得るに従ひ睡気を催し、遂に熟眠に陥りたれば、自分は止むなく火の番をして徹夜するの覚悟をりし。

自　　分　　餅一個
阿部　壽松　　餅二個
小野寺佐平　　餅一個、糒四袋
佐々木正教　　餅一個

是に於て先づ今夜の食として各餅一箇を食することゝなし、阿部壽松には疲労甚だしかりしを以て特に二箇を食すべきことを命じたり。

然るに、茲に一の危険なる事出来せり。其は初め炭小屋に入るとき非常の奮発を以て三十俵の炭俵を取出し、又掻き集めたる炭の若干を取除きしも、尚炉の周囲には数多《あまた》の炭あり。我等若し睡れる間に此積み重ねたる炭に火移らんが、凍死を免がれたる我々は茲に焼死を遂げざるべからずと。自分は各自の睡らざる間は絶えず炉の周囲に雪を築き延焼を防ぎつつありしも、各兵は身体に煖気を感ずると共に早く既に睡りに入り、如何に呼ぶも目を覚

為せしも、如何せん、前日来の疲労甚しく、睡眠頻りに萌《もよお》して危険云ふ可らず。先には凍死せんとせしもの、今は一歩を誤れば焼死に変ずべき境遇と為れり。

是に置いて兵卒を呼び覚し、夜間糒《ほしいい》を飯盒にて煖めて之を食し、其後は火を消すことの余儀なき事となれり。

最初、炭火を得るや、各兵は争ふて手足を炭火の近くに置かんとせり。自分は懇々其不可なることを説きしにも拘らず焙《あぶ》りたれば、指（手乎）の甲は火傷の如く膨れ上らんとせり。因て摩擦すべきを命じ、頻りに此方法を採らしめしも、已に効なし。自分は勇を鼓して昼夜摩擦を為したる為、手の甲は何の凍傷も発せざりき。又、危険を慮り、全く火を消したるは夜の三時頃にして、其後、自分は眠に就けり。


まさず。自分は呆れ果てながら火の番をして徹夜するの決心をなし、夜の深くるまで起き出で居たれども、睡魔連《しき》りに襲ひ来りて如何とも堪へがたし。依て自分は火を消すより外に策なきを悟り、熟睡せる兵卒を呼び起し糒を飯盒に入れて暖め、之を一同に食はしたる後漸く火を消し、茲に安心して睡ることを得たり。此時、各自の着せし外套は氷結漸く融て乾き上りたり。

初め、火を得るや、各自は嬉しさの余り手足を炭火の上に近づけんとせり。自分は之を制し、斯く凍えたる手足を俄かに火に当つるは反つて宜しからざるものなれば、遠火にかけて能く摩擦せよと命ぜしが、各兵は睡れる儘之をなさゞりしより、指甲は尽《ことごと》く凍傷に罹り宛《あたか》も火傷の如く腫れ上れり。この夜、火を消したるは午前三時頃。自分は華胥《かしょ》に遊べり。

東朝10

二十六日　夜は明け放れたり。俵を破りてガンヂキを造ることゝせり。然れども、兵卒に昨夜来凍傷に罹り其働を為すものなく、自分は自らガンヂキを造り、又之を各自に穿たしめ、準備全く了《おわ》りたる後、出発する事となり、乃ち命令を下せり。曰く、汝等の足は歩行に堪ゆるを以て、為し得るまでは先登せよ。前進するに際し、若し手を要することあらば自分之を助け遣るべしと。

斯くて出発せんとする時、余の時計は七時なりき。屯営出発以来、本日始て太陽を見たり。此日、光を見たる上に於て一の疑惑を生じたり。即ち、太陽は余の信ずる西南の方位に在り。然るに時間は正に七時頃なり。或は自分の定めたる時間に差異ありとするも一時間と差異ある筈なし。因て磁石を出し見たるも、指針傾きて全く用を為さず、如何に動揺する

・一月二十六日、夜は明け放れたり。各自は是より炭俵を破りて「カンヂキ」を作ことゝせり。然るに、三名の兵は昨夜来凍傷に罹りて其働きをなし得るものなし。依て自分自ら三名の「カンヂキ」をも作り、又之を各自に分与へたり。準備茲に全く成りたるを以て、自分は出発の命令と共に下の如き注意を与へたり。汝等は手甲凍傷に罹れり。然れども、幸にして足は健全なり。是より為得るまで交る〳〵先頭に起て前進せよ。若し汝等をして手を要することあるときは、自分之を幇《たす》け与ふべしと。是に於て四人相携へて此小屋を出発せり。此時自分の時計は七時なりき。今日屯営出発以来、初めて日光を拝せり。然るに自分等日光によりて一の疑惑を生じたり。といふは、太陽は自分の西南と信ずる方位に在り。時刻よりすれば正に東の方位に在るべき筈な

も効なし。

前進路の積雪は丈余に及び、一歩〳〵雪を踏み固めては進むといふ状態にして、容易に進むあたはず。

其日、遂に山を登ること千米突、小野寺は疲労の為め大に落胆して迚も行進する能はずと説きたり。時々、太陽の光のある時、山頂を望みて如何に見測れども山の高さを明むる能はず。炭小屋より一千五百米突も進みたりと思ふ頃は已に午後二時頃なりき。是に於て余は決心せり。僅に千五百米突にして五時間を費すは前途甚だ望み無しと。因て炭小屋に回ること〻し、一同の同意を求めしに、皆同意せり。回路は降《くだり》傾斜にして且前路を辿《たど》りたるを以て一時間余にして帰るを得たり。此時に寒気は兵卒の指を凍傷すること甚しく、炭小屋に回りたるも、已に前の如く働くこと能はず。仍て予は各兵に寝床を造らしめ、各兵に

るに、西南に在るは甚だ奇異なり。若し自分の時計に多少の差異あるものとするも一時間と差異あるべき筈なし。是に於て自分は磁石を出して其方位を確かめんとせしに、磁針傾きて全く其用をなさゞりき。

出発以来、雪は益々量を増し、容易に歩行すべからず。一歩又一歩踏み堅めては進み、踏み堅めては進み、其の困難言語に尽しがたし。山を登ること一千米突、小野寺佐平は疲労甚しく迚も一歩も行く能はずといひ出せり。彼是、小屋より一千五百米突を進みたりと思ふ頃、時計は午後二時を示せり。自分是に於て決心する所あり。僅か一千米突余の行程を行くに斯くの如く多くの時間を要するに於ては前途既に望なし。依て炭小屋に引還すに若《し》かずと。三名の意見を求めたるに、皆同意なりと答ふ。一同、直に帰路に向ひしが、路は降傾斜なるが上に今来りし跡を辿ることとて、

覚悟せざるべからざることを以て諭せり。曰く、自分は已に死を決せり。汝等も亦同様ならん。此炭小屋は実に吾々の死所なり。以後、自身の事に関しては何人も人手を頼まずといふ事を覚悟せよ。併し、若し天気良好にして方向を定むることを得ば出発することを得るならん。若し能はざれば、此処にて最終の覚悟をせざるべからずと。依て各自皆寝床を造りて横臥せり。一同、寝床に入ると間もなく睡眠せり。予も寝床に就て尚寝床の改築に従事せり。即ち炭俵を破りて下に敷て床と為す。然ども、足部の冷気甚しきを以て脚絆・足袋等を脱却し、而して襟巻の毛にて足を絡《まと》ひ、其上を俵にて包めり。自分も終に眠に入れり。夜半、冷気の為、目覚めたる時は手を摩擦し、足の運動を力《つと》めたり。

甚しき困難を見ず、約一時間にして元の炭小屋に戻れり。

再び炭小屋に入りたるも、亦前日の如く働くこと能はず。自分は漸くにして三名の為めに寝所を作り与へ、且つ諭して曰く、自分は既に死を決せり。汝等亦恐らくは然らん。此の小屋は実に我々の場所なり。以後、各自身のことに関しては何事も人手を仮らずといふことを覚悟せよ。然れども僥倖にして、明日天気良好ならば出発することを得んと。自分、先づ寝所に臥し、他も亦倒るゝが如く横臥せり。疲労せる各兵は寝床に横はるや否や直に睡眠せしも、自分は未だ眠らず寝床の改造に従事せり。即ち炭俵を破り俵を炭の上に敷て床となし、足部は冷気甚しきを以て脚絆・足袋とも之れを脱し、頸《くび》巻（防寒外套）の毛にて纏《まと》ひ、其上を又炭俵にて包めり。斯くて漸く睡に入れり。夜半、冷気のため目覚めたる時は横臥の儘、手を摩擦し足の運動を怠らず。
東朝11

35

二十七日　夜明頃、兵卒等皆寒さを感じて目覚たり。兵卒は前夜、身体の運動なく睡眠したるを以て予が気遣ひし如く、果して皆凍傷に冒されて何の用も為す能はざるに至れども、独り佐々木、出発すべきに付ガンヂキを造り呉よと頻りに請求するを以て、已むなく之を造り装着せしめたりしに、渠《かれ》は如何に感じけむ、炭小屋の口より引回して又寝床に横臥す。各兵は雪を飯箱又は飯行李に盛り、自分はマントの頭巾に入れて各自の枕許に置て食することゝせり。尤も、予は再び此小屋に回りたる時、又もや炭火を造らんとして為し得る限りに工夫を凝らし、或は木炭の摩擦を以て火を得んと力めたるも、終に其効なかりき。此日は寝床の改造を為し、枕許を稍高くした

・二十七日払暁、兵皆寒気のため目覚めたり。自分は彼等が終夜運動なく熟睡せるより、或は凍傷に罹れるにあらずやと憂慮したりしが、果て皆其如くなりき。此時、佐々木正教は自分に向ひ、出発するにつき「カンヂキ」を作り呉れよといふ。再三請ふて止まざるより止むなく之を作り着装し与へぬ。佐々木は大に喜び別れを告げて立出でんとし、小屋口まで赴きしが、何思ひけん、又引還して寝床に横臥せり。各兵は雪を飯盒又は飯行李に盛り、自分はマントの頭巾に入れて各自の枕元に之を置けり。自分、炭小屋還りし時、火を得んとし、種々苦心の上、長時間木炭の摩擦を試みたれども、終に其効なくして断念せり。此日、寝床の改造をなし、枕を高く作れり。

り。各兵は雪を飯箱に入れ、或は噛砕きて水筒に入れ之を抱きて水と為し、時々チウ〱と飲みつゝありて、是れ瀕死に於ける一大快事なりき。又、実際に渇を覚ゆること常時の状態なりき。予も二、三度之を試みしが、比較的早く便通となるを以て之を歇《や》め、午前七時、目覚の時と午後三時頃とに食料として雪を噛むことゝ定めたり。其噛む雪は舌の感じが鈍くなるを度とせり。

各兵は雪を飯盒に入れ、或は噛み、或は水筒に入れ、之を抱きて水となし、之を飲む。是れ瀕死の場合に於ける一大快事なりし。自分も一度之を試みたるも、其飲むや快なり。然れども、比較的早く小便となるを以て之を廃し、唯午前七時頃目覚めたる時と、午後三時頃に食料として噛むことに定めたり。而して其量は舌の感じ鈍くなるを度とせり。東朝11

36

二十八日、二十九日、三十日
炭小屋に横臥するのみ。他に為すこと無し。最初の夜より兵卒をして交々、又、夜間は目覚る毎に大声を発せしめてありしが、終には疲労の為め能《な》せざるに至る。二十九日朝、烏の啼くを小屋の上に聞きしのみ。他は四方寂《せき》寞《ばく》たり。

・二十八日、二十九日、三十日は横臥するのみ。他に為すことなし。此炭小屋に入りてより毎夜兵卒をして目覚る毎に交る〱大声を発せしめつつありしが、終には疲労して其声を出すこと能はずなりぬ。二十九日の朝、小屋の上に鴉の啼くを聞きしのみ。四方寂寞たり。
東朝11

37 三十一日　自分は午前の夜半、名誉ある夢を見たり（老翁あり。告げて曰く、汝、此小屋を出づべからず。出でざれば必づ救済さるべし、との夢を見たりといふ）其夢よりして自分は尚一週間は生活するものなるを確信し、之を各兵に語《つ》げて各兵を鼓舞せり。此朝、又烏の鳴くを小屋の上に聞けり。

・三十一日、自分は前夜、奇異なる夢を見たり。其夢よりして自分は尚一週間生活し得ることを確信し、其夢を各兵に語り、自ら慰め、又各兵を鼓舞せり。この朝、又鴉啼を屋上に聞く。　東朝11

38 二月一日　何の為すこともなく偃臥《えんが》するのみ。

39 二月二日　捜索隊の案内者たる此炭木屋の持主来りて小屋を捜索隊に示す時、炭を押したる為めか、終に炭の一俵は兵士の上に転落せり。是に於て各兵は横臥のまゝ誰かと始て大声を発せり。然るに、不思議にも上の方に於ても誰何《すいか》せるものありて（オヽ此処にも居るかと言ひつゝと云ふ）、暫《しばら》くにして入口の炭

・二月二日、積み重ねたる炭俵の一俵、不意に兵の横臥せる上に転落せり。各兵、横臥の儘、誰かと思はず大声を発せしに、不思議にも屋上誰何するものあり（炭小屋の入口は風雪の侵入を防ぐ為め炭俵を以て塞《ふさ》ぎ置けるに、籠城後の降雪は全く入口を塞ぎ、僅に其空隙より光線を得たり）。暫時にして入口の炭俵を

を除き入り来りたるは捜索隊なりき。

捜索隊の話に拠れば、二十九日にも此小屋の附近を通行せしが、小屋が雪中丈余の深さにあるを以て足音の聞へざりしならんと。


排して入り来るものあり。是れ捜索隊にして即ち救助されしなり。

附言　炭俵の転落するまで一も人の足音を聞きたることなし。捜索隊の話によれば、二十九日にも此小屋の附近を通行せしが、小屋の雪、丈余の深さに達し、発見すること能はず、又足音を聞取ること能はざりし。

東朝11

これで『始末録』は終っている。

37「老翁あり。告げて曰く、汝、此小屋を出づべからず。出ざれば必ず救済さるべし、との夢を見たりといふ」に相当する資料としては次のようなものがある。

(25) 万死に一生を得たる長谷川特務曹長の実兄が同曹長の実話なりとて語つたことを聞くに、面白いことがある。曹長が例の炭小屋に辿りつきたる夜、白髪の老翁忽然として現はれ出で、扨《さて》言ふ様、爾《なんじ》此処に在て救護隊の到るを待つべし。若し妄《みだ》りに外に出でゝ助からんなどゝ思はゞ必ず命を殞《すと》すべしと。東朝9

また、39「オヽ此処にも居るかと言ひつゝと云ふ」については左の通り。

(26)
生存者・長谷川特務曹長は炭小屋に入りて漸く難を避けしが、救援隊の来らざるより尚二週間位は此小屋の内に蟄伏せざるべからずと覚悟し居りしに、卅日の朝何やら小屋の屋根に物の突き当る音し、積み重ねたる炭俵の崩れ落ちたるより『誰だ』と叫びしに、『オヽ此処にも居るか』とドヤ〱と入り来り。幸ひに救助されしなりと。東朝7

右の文中、「卅日の朝」は誤りで、「二月二日」が正しい。

結局のところ

驚愕子はいったい誰なのか、それはわからない。しかし、(3)「救援に参加したか、関係のあった将校だろう」という推測も、(6)「第五連隊本部、衛戍病院において事務的処理を行っていた担当者ないしその関係者ではないか」という考えも、さらには、(11)「将校だった驚愕子が、明治三十八年に創設された松江の歩兵第六十三連隊に転属したとき智海上人と知り合い、遭難者への供養の意味もこめて寺に預けたのではないか」という見方も、絶対とは言えないが、違っているだろう。

おそらく驚愕子は第五聯隊の将校ないし関係者ではないと思う。誤りが多すぎるのがその一番の理由で、二番目としては、当時の新聞で伝えられたことをそのままあるいは少し手を変えて書き記している点があげられる。『始末録』の本文は新聞記事をいわばテキストとして利用し、（）の中に補足説明やら自分のコメントを書き入れている。本文はオリジナルではないのだ。新聞を通して世間に伝えられたことを書いているのであり、(1)「極秘事項」はないと言っていい。

本文と新聞資料との関係については、具体的に示してきたので、了解されたことと思う。類似の程度については、一字一句同じで疑いがないというものから、内容は同じだが表現は違うというものまでさまざまである。下欄に掲げた原資料とおぼしきものが最善ではないこともあろう。また、本文について百パーセント解明し尽くした訳でもないが、大勢は決したと思う。

原資料を探るにあたっては、なるべく地方紙に拠らないよう心がけた。というのも、別に青森にいなくても書けたのではないかという思いがあり、それを実証しようとしたからにほかならない。結果、ほんの一部で地方紙に頼らざるを得なかったが、これは解明が不十分なためではないかと思っている。今から百十数年前の誰だかよくわからない人物がどんな資料を目にしたのかについて毫も瑕瑾なく究明し尽くすことは困難だろう。このことは読者にはよく理解していただけるのではないかと思っている。

ともかくも、驚愕子が『東京朝日』、『東京日日』、『日本』、『時事新報』を読んでいたことは間違いない。その最も多い典拠は『東京朝日』だと思うが、これは本書の著者が拠ったものであり、もし島根県内で目にしたのなら、それは『大阪朝日』であろう。朝日新聞は明治一二年、大阪で創始された新聞である。

『始末録』の資料的根拠を当時の新聞に求め、相応の結果を見出せた現在、著者が誰なのかを考えてみると、その答えは意外に単純なことではないだろうか。つまりは、先の仮説通り、島根県松江市かその周辺に住む者で、軍隊との関係は不明だが、この遭難事件に格別の興味と関心を持ち、できる限りの資料を集めて自分なりに再構築を試みた人物ではないか。

こうしたことは、その当時、出版社や書店が先を競ってやっていたもので、新聞に載った記事を小冊子にまとめて売り出している。これらが利潤を目的にした商行為であったのに引き換え、『始末録』の著者はそうした方向には出なかった。ということは、出版とは無縁の立場にあったおそらくは個人であり、自分なりの好奇心で事件を再構成した成果をまとめ上げたものであろう。その産物がこの『始末録』であったという可能性を指摘したい。先述の市販された小冊子がこの年の二月にはもう発行されたことを考えると、五月下旬まで書き続けたことからも営利目的ではなかったことが読み取れる。その人物がこうした小冊子から間接的に新聞資料を読んだ可能性もあるが、文中、重複箇所がいくつかあり、整理が不十分であったことも素人臭い感じがする。それがいつの日か失われることを恐れ、おそらくは菩提寺であろう成相寺に託したのではないか。(2)「大事な資料だから隠しておくよう」というのは、当時の「言論の自由」を知らず、軍隊批判はタブーであるといった先入観から出た発言ではないか、と思う。

いずれにせよ、「驚愕」したのが本人であることは確かだろう。

雪中行軍はこのように「伝えられた」のである。

附説　『奥の吹雪』の真実

「伝へ聞ける」の意味

本章24「山口少佐終に死去す」の描写について、実はこれは新聞『日本』の二月四日付にほとんど同じ記事があることを示した。つまり、驚愕子はこの記事を読んで『始末録』を著したものと判断し得るのだが、もう一つ重要なことがわかった。つまり、この二月四日付『日本』の記事（本書六五頁）と、⒅の『時事新報』（本書七二頁）を読めば、中原貞衛著『奥の吹雪』の当該箇所は書けたのではないか、という推測も成り立つようなのだ。

この『奥の吹雪』に関することは拙著『後藤伍長は立っていたか』（増補改訂版）に記してあるが、未見の読者のため、以下に要点を記す。

青森隊の遭難が確実視され、しかも数人の生存者が見つかった頃、師団長は山形衛戍病院の中原貞衛一等軍医に出張命令を下した。外科の名医とのことで、その腕が見込まれたのであった。中原は二月二日に第五聯隊に到着、以後三月一三日まで青森衛戍病院で患者の治療にあたった。そして山形に帰ったのち、六月九日に『奥の吹雪』という小冊子を出版している。

クロロホルム密殺説（陸軍上層部が責任者の山口少佐を薬殺処分したという説）を主張している弘前大学名誉教授の松木明知は、この小冊子が心ならずも軍の命令で少佐を殺害せざるを得なかった真相を家人に伝え残すために書かれたと主張している。同人によれば、その前文に「隠されたメッセージ」があるという。長いがその前文を記す。

⑺ 是は明治三十五年二月一日より三月十三日まで、第五聯隊雪中行軍遭難患者治療の為、青森に出張中、文字少なき家人に示さんと、寝覚め〳〵に一筆つゝ綴れるものゝ積りたるなり、されば解り易きを旨とし、下卑たる言ども多し、且つ伝へ聞けるを記るせるが多ければ、事実と違へるも有らむ、読む人其の心せよ、

松木によれば、

⒅ 中原ほど事件の全容を知っており、また知りうる立場にあった人はいない。

——平成一二年二月二日『東奥日報』「山口少佐死の真相9」

ということから、⑺は読む人への「隠されたメッセージ」を託しているのだそうだ。

では、先に述べた『奥の吹雪』の「当該箇所」はどこか。同書三十一節の次の部分がそれだ。

㉙ 隊長は、人をし見れば長へに、眠る薬を与へよと、請ひて止まざる折なりき、涕せきあへす御見舞を、一度は押して返へしける

この「眠る薬」が「クロロホルム」だそうだが、この㉙と、24の傍線部、そして二月四日『日本』の記事について、松木はその関連を述べている（『雪中行軍　山口少佐の最後』二二四頁）。

㉚ 驚愕子と田村三治の間に何らかの接点があったのかも知れない。

と松木は書いている。「田村三治」は『日本』の記者の名前だが、「何らかの接点」は、つまり驚愕子が『日本』の記事を読んで24を書いたということになろう。

では㉙はどうか。山口少佐の主治医である中原軍医は、①毒薬を与えよと少佐が懇願した場面と、②御見舞を押し返した場面を病室で実見し、それをもとに㉙を書いたと見るのが普通だろう。田村記者は中原軍医からその話を聞いて『日本』に書き、それを読んだ驚愕子が24のように記した、と考えると筋が通る。しかし、これでは、24にも四日の『日本』の記事にも「長へに、眠る薬」が入っていないのが解せない。対して、二月一五日付『時事新報』（本書七二頁）には「何うか毒薬を服まして呉れ」と非常に具体的に書かれている。発行日の二月四日と一五日の違いがあるのかもしれないし、中原が後になって「薬」の可能性を言及したかもしれないが、あるいは他の考え方はないだろうか。

つまり、中原は①も②も見ておらず、むしろ『日本』や『時事新報』を読んでそれを知り、(29)を書いた可能性である。こう考えれば「長へに、眠る薬」の問題がすっきりする。つまり(29)は後になってから書いたという見方である。

ここに、(27)「伝へ聞けるを記るせるが多ければ」の意味が見えてくる。これは本音ではないかということだ。中原はこの少佐のことに関しては、情報提供者ではなく、むしろ情報を新聞などから入手する立場にあったのではないかということだ。そもそも軍医だからといって、(28)のように事件の全容を知っているというのもおかしい。生存者以上に知っているはずがないし、その生存者とて自分に関することは知っていても、「全容」を知っていることはないだろう。病院で患者から話を聞いたことはあれ、新聞記者のように根掘り葉掘り詮索するのも考えにくい。二月二日に青森に来た軍医が得た情報というのは、詰まるところ、「伝聞情報」ではないか。

つまり、『奥の吹雪』は驚愕子の『始末録』と同様、二次資料ではないかということである。

何が伝えられたか

中原貞衛の『奥の吹雪』は、結局のところ、他書から入手した情報を雅文体で書き記したものだと思う。内容のほとんどは、生き残りである後藤伍長、倉石大尉、長谷川特務曹長の遭難談から出来ている。この点、『始末録』とさして争うところがないのである。趣旨が違うので全文を掲載して一々比較検討はしないが、ここでは四つの例を掲げて読者の同意を得たい。

まずは、第一露営地での炊事の場面。『奥の吹雪』より。

(31) 炊事のかまど造らんと、雪を掘ること一丈余、尚土は出ず夜は更けぬ、凍えし人の餓ゑやせん、兎も角もとて踏み固め、雪にかまどを据ゑ付けつ、米をかすべき仕かくべき、水のあらねば糠のまゝ、雪を雑へて間に合せ、薪はあれど雪のため、しめりてとみにもえ得ねば、立木の枯枝集め来て、辛くも飯をたきけるが、たく火の為に雪溶けて、火は段々と沈み行き、遂に丈余の雪井戸を作れる仕末いかでよき、飯のたけべき半ば飯、なかば米なる不出来飯、夫をにぎりて一づつ、分配せるは夜の二時、ひもじい時と言ひ乍ら、口に余りてたべきれず、出発の時渡されし、餅にぞ饑をしのぎける。（松木著『雪中行軍　山口少佐の最後』より。以下同様）

本章5およびその下段の『東京日日』二月八日号（本書三二頁）と読み較べられたい。これは「倉石大尉の遭難談」である。

続いて、神成大尉の「最期の命令」の場面。

(32) 神成も亦斃れしが、斃れ乍らに声を張り、後藤伍長に命ずらく、人里は早や遠からじ、汝懸命探り出で、金はいとはじ里人を傭ひ来りて兵士等を、救へと死ぬる間際まで、わが子の如く其の部下を、思ふ心ぞ哀れなる、兵を救への一言を、此の世の名残りあへなくも、賽の河原の鬼となる。後藤伍長は命を受け、雪をかきわけ進み行く、気は張り弓のゆるまねど、手足は既に死してあり、田茂木野村を一里半、あなたに行ける処にて、深雪の中に立ち停まり、衣川にはあらねども、今はかくよと見えし時、天の助けか聯隊の、救援隊に見付けられ、危き命助かれり

9とその下段『東京朝日』一月三一日号外と二月一日号（本書四四頁）にある通り。なお、一月二九日の『東奥日報』には「十円にしても二十円にても其の金の多少を論ぜざれば…」とある。次は倉石大尉一行が救援隊と遭遇した場面。

(33) 三十一日朝八時、倉石伊藤の両人は、小原後藤ともろ共に、辛くも坂をよぢ登り、二丁にあまり三丁に、足らぬ処を午さがり、未の頃に登り得て、と見れば谷を二つ越え、あまたの峯に人影と、覚ゆるもの〻有りければ、差し招きつつ呼びけるに、声やこだまに通ひけぬ、応と答へて近づくを、見れば救護の人なりき

12と21およびその下段、『東京日日』二月一〇日号外（本書四六頁）と『日本』の二月四日号（本書五九頁）を参照。特に「応と答へて」が的中の感触あり。「未の頃」は三時頃と推定される。四例目は長谷川特務曹長が炭小屋で火を焚いた場面。

(34)火はわが床の炭なれば、燃え広がらば大事ぞと、片身代りに白きもて、赤きのまはり取り囲み、暫は防ぎありけれど、夜の更け行くに従ひて、身の危きも打ち忘れ、ねふりにければ長谷川は、消やすも惜しと尚しばし、一人で防ぎありけるが、長谷川とても神ならず、己がねぶけを防ぎかね、しとねの菰に三度まで、火の付きければ是はゆかじ、斯くてあらんか凍死をば、免れたれど焼け死なん、よし惜くとも消すべしと、眠れる者を呼びおこし、各もてる糒を、煮て食したる其の後に、遂に火の気を打ちたやし、心おきなく眠りしは、丑みつ過ぐる頃なりき。

33の後半およびその下段『東京朝日』二月一〇日号（本書八九頁）にほぼ同じ記事がある。

以上の四点を並べて説明したが、これ以外も同様であることを附記したい。疑問の向きは『奥の吹雪』の全文を読み較べると、すぐに納得できることである。

こうして見ると、『奥の吹雪』は新聞から得た情報を小冊子にまとめたものということになろう。思うに、この四例の現場に中原がいた筈がない。「伝え聞いた」情報であることは疑いがないのである。(28)がいかに的外れかは本書の読者には十分にわかってもらえたのではないか。

驚愕子の『始末録』は、当時世に伝えられた新聞記事をほぼそのまま利用して書かれた。それに引き換え、中原の『奥の吹雪』は「書き写し」といった露骨さを避けるためか、七五調という雅文体を使って書かれている。あるいは、照れ隠しのようなものだったのかもしれない。

ここに(27)の真意があるのではないか。つまり、「伝へ聞けるを記るせるが多ければ、事実と違へるも有らむ、読む人其の心せよ」は、

(35)　本書は伝聞情報をもとにして書かれたものであり、著者が実際に見て記したものではない。よって、内容が真実かどうかは保証できない。読者はこのことを了解されたい。

こうしたことを言っているのではないか。いわば「断わり書き」である。

(27)に「隠されたメッセージ」はあるのだろうか。

なお、密殺説の松木は『月刊現代』平成一五年八月号の一〇八頁にこう書いている（取材した記者「これひさかつこ」の聞き書きらしい）。

(36)　最後の「読む人其の心せよ」という句が引っかかる。世間に喧伝されていることは間違いが多く、『奥の吹雪』の中に真実を記したので心して読みなさいと言いたかったのではないか。

読者は(35)と(36)のどちらを支持するだろうか。

自説に合わせ、無理な裏読みをしているのはどちらだろうか。

これは立派な冤罪事件だ、と思う。

以下、余談めくが、この『奥の吹雪』に関し、昭和五二年七月三〇日の『毎日新聞』夕刊は「軍医の手記発見」という見出しで次のような記事を載せている。驚愕子の『始末録』発見の新聞記事が出てから五カ月後のことであった。

(37) 軍部によって極秘に処理され、七十五年間外部に知らされることのなかったこの事件を、ひそかに家族へ書き伝えていた当時の一軍医の文書（コピー）が京都で見つかった。青森衛戍（えいじゅ）病院＝陸軍病院の前身＝で手当てした兵士からの伝聞をもとに書かれたものだが、指揮官の無謀さに対する批判、凍傷患者の悲惨な有様など、古風な文体ながら生々しく書かれており、この事件に関する文書がほとんど残されていないだけに注目を集めそう。

「手当てした兵士からの伝聞をもとに書かれたものだ」は、正しくないだろう。凍傷兵から聞くということはなかったとは言えないものの、『奥の吹雪』の情報はほとんど当時の新聞紙上で伝えられていたことである。だいたい、この傍線部はどうやって事実確認したのだろう。また、(37)は他にも予断をもって書かれている箇所がある。例えば軍による事件の極秘処理や軍隊批判のタブーなどがそれに当たるが、確認したい。予断は学問への冒瀆である。

結局、驚愕子の『始末録』にせよ、中原貞衛の『奥の吹雪』にせよ、新聞記事を利用して書かれたことには疑いがない。

雪中行軍はこのように「伝えられた」のである。

第二章　「三本木へ抜ける説」再考

「田代に一泊行軍」

前章3に於て、青森隊は「田代温泉場に至りて一泊し、夫より三本木野に出でゝ翌二十四日帰営するの予定」であったという驚愕子の記述を紹介した。一月三〇日の『東京朝日』が資料的根拠と考えて間違いないと思う。しかし、その一方、同紙を除くほとんど全てが「目的地田代で一泊、翌日帰営」を伝えているとも記した。

どちらが正しいか。

このことについては、すでに拙三著（『雪の八甲田で何が起ったのか』『後藤伍長は立っていたか』『知られざる雪中行軍』）で示してきたが、著者は後者つまり田代一泊説が正しいと考えている。その根拠については三書の中で繰り返し説明してきたが、青森隊の携行した精米が「一、二六〇石」であったことからも間違いない。この米の量は総員二一〇名で割ると、一人当り「六合」になる。これは一人一日分の量であり、このことから一日行程であったと知れるのである。牛缶や糒、餅は副食あるいは非常食にほかならない。

これにより明らかだろうが、「三本木に出でて翌二十四日帰営」と考えれば、これも一泊行程ではある。しかし、田代から三本木までは約七里半（約三〇キロ）もあり、三本木に着いたところでここには線路も駅もなく、最寄りの駅まではさらに一〇キロほどもある。たとえ何とか駅に着いたところで、総員二一〇名が汽車に乗るには前もって客車の増結などの手配が必要であろう。その形跡もないことから、土台、無理な話なのだ。

第五聯隊の「和田副官」は、青森隊の行程についてこう説明している。

1　第二大隊行軍の目的は田代に一泊行軍を為し、雪中田代越を経て三本木に至ることを得べきや否やを確めんとするに在りしなり。田代越は八甲田山の麓に沿ふて三本木に出づる途にて、青森より約十三里強あり。即ち行軍の目的は敵兵艦船を以て陸奥海岸を圧するに際し、戦時編制の歩兵大隊を以て雪中青森三本木間を行軍することを得るや否やを研究せんためなり。日本3

以下、附記するが、この記事の別項「行軍の目的」には、「十八日の予行行軍」「大隊の編制」…といった項目が続いている。拙著『後藤伍長は立っていたか』の七四頁以降に、『遭難始末』の祖本がすでに二月上旬に書かれ連隊の外に伝わっていたと記し、「顛末書類」がそれではないかと推測したが、まさにこれであろうと思われる。この記事には「三十一日午後九時三浦特派員」とあることから、第五聯隊では一月末から釈明の措置が図られていたことになる。この件に関しては、二月四日の『奥羽日日』が詳しい。

2　五聯隊より、昨日更に行軍の目的より予行行軍、大隊長の判断、部隊の編成、主要なる携行品、行軍に関する命令、衛生に関する軍医の注意、行軍実施の状況、救護処置の状況、後藤伍長の口述、捜索隊の状況及び方法、救急材料に至るまで詳細報告し来りたるを以て、本県に於て更に之を印刷に附し、普《あまね》く各遺族者に配布する筈なり。

この「印刷」については、同紙二月一日号ですでに言及されているが、これが『青森聯隊遭難「雪中行軍」』などの小冊子に掲載され、あるいはまた、『遭難始末』の叙述に繋がったものと思われる。この2の釈明書は他紙にも掲載され、例えば『日本』は二月八〜九日に掲載しているが、「雪中行軍遭難顛末報告書」と題名が附されている。

行軍の目的に戻る。

1が出た前日、つまり二月二日の『読売新聞』はもう少し詳しく説明していた。一部重複するが、次に示す。

3　田代は青森市より三本木に達する捷路《しょうろ》にて、一朝戦時に際し、敵の艦隊青森湾内に遊弋《ゆうよく》し、青森市より小湊に至る即ち日本鉄道線路に添ふ海岸を砲撃することあらむか、青森市の戍兵は太平洋岸三陸の緩急に応ずる能はず。若し此不便を除去せんと欲せば、勢ひ田茂木野・田代を超え、三本木に出づる道を採らざるべからず。而して青森より三本木までは道程僅に十三里強にて、平穏なる日は一日に行軍し得る所なるも、戦時編成を以てしては果して如何なるべきや、又大小行李は如何にせば雪中を行進し得るか、是等のことを経験せんが為…。

「捷路」は近道の意だが、3はあくまで究極的な目的なのであって、今回はそのための前段階としての「田代行」であった。

しかし、既述のごとく一月三〇日付『東京朝日』は違っていた。傍線は引用者。以下同様。

4 同隊は雪中大行李を運搬しつゝ如何に行軍し得べきかを研究するの目的にて…行程は八甲田山麓なる田代村に至りて同所に一泊し、夫れより三本木に向ふ予定にて、携帯せる食糧は一日分の外、道明寺糒一日分と餅若干とあり。

この記述を以て、驚愕子は第一章の3「田代温泉場に至りて一泊し、夫より三本木野に出でゝ翌二十四日帰営するの予定」と記したものと思われる。

この「三本木へ抜ける説」がどのようにして生まれたのか、参考になる資料がある。次は三〇日『岩手日報』。

5 尚ほ、青森在営の平井某なる一軍人より当市荻野謙三氏へ宛てたる書面の一節中には「此度二大隊雪中行軍田代三本木まで進軍の処、二百十余名全員風雪の為め凍死し、一名蘇生。他の屍体は本日（廿八日）より捜索中。

4、5どちらも一月三〇日の発行だが、4の『東京朝日』が「平井某なる一軍人」の書簡を読んでいたとは考えにくい。なお、5には「事の信否を確め正確なる報道怠らざるべし」という一文が附加されており、どうやら、これは不正確な話でしかない。すると4は、終局の目標と当座の目標を混同したと見るべきだろう。

定説はいつ出来たのか

八甲田山雪中行軍の事件を世に知らしめたのは、何といっても新田次郎の小説『八甲田山死の彷徨』と、それを原作にした映画『八甲田山』であることは論を俟たない。ただ、この両者によって「三本木へ抜ける説」は定説化されてしまった観がある。前者には「山田少佐」の言葉として次のようにある。

6　わが大隊の雪中行軍の構想は、青森の屯営を出発して田茂木野、小峠、大峠を経て八甲田山の東南に踏みこみ、第一日目の夜は田代温泉に宿泊し、第二日目は増沢村、第三日目の夜は三本

木町に一泊して、四日目に汽車に乗って帰営するというものです。　（三二頁）

そして、青森・弘前の二隊が八甲田山で「行き合う」という筋立てで小説は書かれている。新田はこの話を小笠原孤酒から聞かされたという。次は昭和四六年一〇月一二日付『読売新聞』。

7

青森県十和田町焼山に住んでいる小笠原孤酒さんが、八甲田山遭難事件を長いこと調査して、その結果をまとめたもののうち一部が出版されたという記事を新聞で読んだ。これによると、遭難事件が起きた原因は青森歩兵第五連隊と弘前歩兵第三十一連隊が八甲田山雪中行軍競争をやった結果であるということであった。

――「私の取材ノート〈1〉」

小笠原孤酒の『吹雪の惨劇』（第一部）の出版は昭和四五年。新田次郎の『八甲田山死の彷徨』は翌四六年のことである。では、これ以前はどうかと言えば、冊子になったものとしては、昭和三八年に青森市が『歩兵第五聯隊八甲田山雪中行軍遭難六十周年誌』を、二年後の昭和四〇年に陸上自衛隊第九師団が『陸奥の吹雪』を発行している。前者は昭和三七年六月に行なわれた遭難六十周年の記念行事をまとめたもの。後者はおそらくその行事に触発されたのであろう、陸上自衛隊が八甲田山の雪中行軍演習を企画実行したことを機に発行されたものである。

『…六十周年誌』を見てみる。次はその二頁。

8　八甲田山を越え青森から田代を経て三本木平野に進出し得るやいなやを研究するため、明治三十五年一月二十三日山口第二大隊によつて、田代に向つて一泊行軍が行われたのである。『遭難始末』と同じ内容だが、時の市長・横山実の「祭文」（同書五六頁）では違っていた。

9　明治三十五年一月二十三日歩兵第五聯隊の将兵二百十名は大隊長山口少佐に率いられ田代を経由して三本木に向う耐寒雪中行軍に出発したのでありました。ここに誤りの淵源が垣間見られる。続いて山崎青森県知事の「追悼のことば」（同書五八頁）。

10　歩兵第五連隊第二大隊は明治三十五年一月二十三日作戦計画に基き青森より田代までの耐寒行軍を実施するため寒気と積雪をものともせず壮途に上つたのであります……。
8と同じ「田代一泊説」である。
続いて、後者の『陸奥の吹雪』を見る。一九頁。

11　この雪中行軍の目的は、雪中、青森から田代を経て三本木平野に進出できるか否かを判断するため田代に向って一泊行軍を行ない、もし進出できるとするならば、戦時編成歩兵一個大隊をもって青森屯営から三本木に至る行軍計画と大・小行李特別編成等を検討することにあったのである（第五聯隊編「遭難始末」による）。

典拠資料が示されている。これは8と同じだが、同書一頁に掲載された「八甲田山雪中行軍遭難慰霊祭祭文」では違っている。陸上自衛隊の八甲田演習にあたり、第九師団長陸将・島貫重節が昭和四〇年二月二三日、幸畑陸軍墓地で唱えたものである。傍線は引用者。以下も同様。

12　歩兵第五聯隊の英霊たちよ、よくよく御覧あれ。今ここに整列している部隊は、歩兵第五聯隊の伝統を継ぐ自衛隊の第五連隊でありますぞ。第五連隊は連隊長石橋正治指揮の下に、ただ今からこの地を出発し、六十三年前のその昔、不幸にして果し得なかった英霊の無念を果さんものと、わざわざ全く同一の経路を選び、田代平を経て三本木平地に進出し八甲田山雪中行軍の残された偉業を完全に遂行し、かつは先輩の霊を慰めんとするものであります。

「聯隊」と「連隊」を使い分けている。また、「わざわざ全く同一の経路を選び」としているが、「三本木平地に進出」は違っている。泉下の「歩兵第五聯隊の英霊たち」は途惑ったに違いない。9と12のように「祭文」を唱えるとき、このような事象が現れるように思われる。感情移入し、力んでしまうのだろうか。

小笠原孤酒と新田次郎が採った「三本木へ抜ける説」は、ここまで遡ることができた。

「御照覧あれ」

ところで、12の「八甲田山雪中行軍遭難慰霊祭祭文」はこう続く。

13　英霊よ、英霊を慰めることのできる最大のものは、後に続くわれわれ自衛隊員がその実力を発揮し、実行によって英霊の残された志を完全に成し遂げることにあると確信します。

ここに最も気温の低い最も雪の多い時期をねらい約五十粁の雪中行軍を敢行し、一名の事故もなく首尾よく完遂して御覧にいれることを誓うものであり、願わくば、これら若者達の奮斗振りをとくと御照覧あれ。

英霊よ、最後に報告します。それは自衛隊をして今日あらしめた最大のものは実に青森の人々のお陰であるということであります。特に地元の方々が終戦このかたあらゆる困難にも負けず、英霊の墓をお守りしてその残された尊い精神をわれわれに伝えられたことは、いかにわれわれ自衛隊員に、無言の感激と絶大な奮起を与えられたことでありましょう。されば英霊よ、これら地元の方々の上に、より多くの幸福を垂れ給わらんことを願い奉る。ここにつつしんで申さく。

「最も気温の低い最も雪の多い時期をねらい」とはいえ、実施されたのは二月二三日から二七日までであり、寒を過ぎ立春を迎えた後のことである。疑問が残ると言わざるを得ない。「英霊の残された志」はどうか。「約五十粁の雪中行軍」は正しいのか。究極的な目的はそうであれ、それがこの事件で命を落とした英霊たちの「残された志」なのだろうか。疑問は禁じえない。

さて、この陸上自衛隊による演習は、『陸奥の吹雪』によれば、正式には「八甲田積雪地機動演習」というらしい。その行動日程は次の通りであった。『陸奥の吹雪』七四頁より。

14

二月二十日

隊装検査・編成完結式

二月二十三日

八甲田遭難慰霊祭参列

行軍第一日目　幸畑～大滝平

二月二十四日

行軍第二日目　大滝平～馬立場～田代平

馬立場付近の模擬戦斗展示

馬立場における現地追悼式

二月二十五日

行軍第三日目　田代平～雛岳東北側

雪洞構築究研展示訓練

二月二十六日

行軍第四日目　雛岳東北側～大中平～十和田町（法量）

二月二十七日

十和田町～青森（部隊）車両行進

田代平まで二日、三本木（十和田町）まで四日かける行程となっている。明治の雪中行軍では、初日に田代まで、二日目増沢へ、三日目三本木に到着するという行程で、距離は十三里（約四十二キロ）であった。むろん、究極的な行軍日程である。

14の機動演習の最終日つまり昭和四〇年二月二七日の『東奥日報』は、こう伝えている。

15　明治三十五年一月、青森五連隊は青森から田代平を越え三本木に至る雪中行軍を行なったが、かつてみない激しいふぶきと氷点下二〇度以下の酷寒に襲われ、隊員二百十人のうち十一人を残して百九十九人が凍死するという大惨事となった。

「三本木へ抜ける説」である。また、凍死者「百九十九人」とあるが、これは最終的な死亡者数であり、救出されたのち病院で死亡した六人は「凍傷に伴う合併症で死亡」とすべきだと思う。

弔い合戦

前掲15の後段には次のような記述もある。

16　遭難軍人の弔い行軍は昭和七年、平田重三連隊長時代に遭難部隊と同じ人員、同じ時期に同じ田代越えコースで行なわれ成功しているが、これが唯一の青森―田代―三本木冬山コース踏破である。

16「昭和七年、平田重三連隊長時代に」行なわれた行軍が「唯一の青森―田代―三本木冬山コース踏破」であれば、この記事が書かれた昭和四〇年の「八甲田積雪地機動演習」は何だったのか。疑問が残る。

では、その昭和七年に実施された「唯一の青森―田代―三本木冬山コース踏破」とはどのようなものであったか。

当人の説明が昭和六年一一月一九日の『東奥日報』に載っている。題して「第二回雪中行軍の実施に就て」。「当人」とは無論、青森歩兵第五聯隊長（当時）の平田重三である。

17　来る昭和七年は時恰《あたか》も第一回雪中行軍の三十周年に相当致します。回顧しまするに明治三十五年一月二十三日当聯隊の山口大隊が雪中青森より三本木平地に進出する軍事的目的を以て行軍を決行し不幸不慮の天災に遭遇し、終に其目的を達する能はずして雪中に無限の憾《うらみ》を呑みつゝ斃《たお》れたのであります。…茲に第二回雪中行軍を企図し聯隊長平田自ら之を指揮して来る昭和七年一月二十三日を以て之を決行致します。…行軍経路は勿論第一回雪中行軍に於て先輩の企図したると同様青森平地より八甲田山腹及田代を経て三本木平地に進出致します。

この平田聯隊長が士官候補生として第五聯隊に入隊したのは、明治三五年のことであった。考えてみれば、三十年前の先輩が田代で一泊して帰営する予定だったから第二回雪中行軍もその通りにするとして、遂げられなかった憾みを晴らすことになるだろうか。わずか五里半の行程で、よほどの悪天候でない限り、成功は容易に見込めるのである。なにしろ当時の生存者・長谷川特務曹長は「余程夜更けまで快飲し」「手拭一本の用意」（明治三五年二月二一日付『東奥日報』）で雪中行軍演習に臨んだという以上、この「田代一泊、翌日帰営」を成し遂げても達成感は薄い。それに、12「不幸にして果し得なかった英霊の無念」を晴らすためには、やはり、彼らの究極的な目的を達成しなければならない。こうした考えから出て来た「三本木へ抜ける説」かと思った。「弔い合戦」ならではのことだろうと思った。しかし、調べてみると、そうでもないようなのだ。つまりこれは、17の平田聯隊長が言い始めたのではなく、すでに世間がそのように受け取っていた可能性がある、というより、高い。

「抜ける説」こんなに

事件当初は4や5が一部で伝えられたが、和田聯隊副官の説明そして顛末書が各紙に載ってからは、11のような当局の言説が支配的になっていったと思われる。『遭難始末』は事件発生から半年たった明治三五年七月の発行である。しかし、二年後の明治三七年一月二四日付『東奥日報』にはこうある。

18　回顧すれば一昨年の昨日なりき。歩兵第五聯隊は同じ目的を有して行軍の途に上り、八耕《ママ》田山麓を踏破して三本木の平原に出でんとし…

「同じ目的」とは「雪中に於ける行動を研究すること」だが、「三本木へ抜ける説」である。その後はどうか。『東奥日報』を見ていく。

19　時は明治三十五年一月二十三日であつた。歩兵第五聯隊第二大隊は山口大隊長引率の下に青森より田代を経て三本木に出づべき甲田越えの雪中行軍に向つた。

――昭和三年一月二三日

20 歩兵第五聯隊八甲田山雪中遭難事件は二十七年前のけふ明治三十五年一月二十三日のことである。この日、八甲田を越えて三本木に出るため、山口大隊長に引率された一隊は山口少佐以下二百十名であつた…

——昭和四年一月二三日

21 明治三十五年一月二十三日、わが歩兵第五聯隊のつは者二百十名が、青森より田代を経て三本木平野に出づる雪中行軍をなすべく…屯営を出発した。

——昭和六年一月二四日

22 歩兵第五聯隊のつは者約二百名は明治三十五年一月二十三日、青森より八甲田山を経て三本木平野に出づべく雪中行軍を行つた…

——昭和六年四月九日

23 明治三十五年一月二十三日、歩兵五聯隊第二大隊長山口鉦少佐以下二百十名の勇士が青森から田代を越えて三本木に出づべく雪中行軍の壮途についた…

——昭和十三年一月二十三日

以下、戦後。

24 明治三十五年一月二十三日午前四時、日露戦争を予測して耐寒訓練を行うため八甲田を越え三本木に向う雪中行軍を開始した。

——昭和二九年八月一七日

25　日露の風雲急を告げた明治三十五年一月二十三日、歩兵第五聯隊第二大隊は八甲田山越えし、三本木町にぬける雪中行軍の演習計画をたてた。

——昭和二九年八月一八日

26　明治三十五年一月、青森第五連隊は青森から田代平を越え三本木に至る雪中行軍を行なった…

——昭和四〇年二月二七日

27　青森歩兵第五連隊第二大隊は田代、増沢、三本木のコース順で五十二キロの雪中踏破を目標に出発した。

——昭和四五年一月二三日

28　第五連隊の雪中行軍は、六十九年前の明治三十五年一月二十三日から始まった。雪の八甲田山を越えて十和田市に抜ける耐寒訓練が死の行進となり、山口大隊長以下百九十九の命を奪い、十一人が救助されたが五体満足なのはただ一《ママ》人という悲惨な結果に終わった。

——昭和四六年一月二三日

29　青森歩兵第五連隊（津川謙光連隊長）の雪中行軍は、明治三十五年一月二十三日に青森を出発、田代、増沢、三本木に至る二泊三日の行軍で計画された。

——昭和五九年一月二三日

30　明治三十五年、五連隊の二百十人は、青森—田代—三本木に至る耐寒訓練の行軍途中遭難、百九十三人が死亡、奇跡的に生還した十七人は今では、仲間とともに同墓地に眠る。

——昭和五九年一月二四日

これほどの「三本木へ抜ける説」が地元の『東奥日報』によって伝えられて来たことに驚く。

また、同社が昭和六三年に出した『東奥日報百年史』一〇五頁にも次のようにある。

31　明治三十五年一月二十三日、青森歩兵第五連隊第二大隊山口鋠少佐以下二百十人の一隊は、青森から田代を経て三本木町に至る八甲田越えの壮挙を企て、同日午前六時三十分営門を出発した。

やはり「三本木へ抜ける説」であり、この説を世に広めたのは東奥日報だといっても過言ではない。ただ、ここに列挙したのはあくまで〃異説〃である。

31に「三本木町」とあるが、町制施行は明治四三年のことなので間違っている。

また、30の「百九十三人」は山で命を落とした者の数。「奇跡的に生還した十七人」とはいえ、病院で死亡した者が六名いた。よって生還者は「十一人」が正しい。これはすでに書いた。

そのほか、28の「五体満足なのはただ一人」も間違っている。「五体満足」だったのは、倉石大尉、伊藤中尉、長谷川特務曹長の三人。三本木は今の十和田市である。

異説あり

ここで、死亡者数について考えてみる。

総勢が二百十名で生存者は十一名。よって「死者百九十九名」が定説になっているが、30「百九十三人」のように、それ以外の数も世に伝えられている。30の前日号も同じ数であった。

32 五連隊から二百十人の軍人が参加したが、かつてない暴風雪、寒気に襲われ百九十三人の死者を出した。

——昭和五九年一月二三日

このほか、平成一三（２００１）年一月二四日付同紙には次のようにある。

33 旧歩兵第五連隊の将兵二百十人が、耐寒訓練などの目的で入山した八甲田山中で遭難、うち百九十七人が凍死したのは一九〇二年一月二十三日。今年は遭難から九十九年目に当たる。

死者総数「一九九」については説明してある。また、入山初日の一月二三日に大量凍死があった訳ではない。33は少しズサンだ。

この33「百九十七」という数字だが、調査の結果、典拠とおぼしき資料に行き当たった。東奥日報社が昭和五六年三月一日に発行した『青森県百科事典』七五一頁に、「八甲田山雪中行軍遭難事件」について次のように書かれている。原文は横書き。

34 一九〇二（明治三五）一月二三日～二五日にかけて起きた歩兵第五連隊（青森市）第二大隊二一〇人中一九七人の凍死事件。

33を書いた記者は34を見て、そのまま写したのだろう。なぜ「一九七人」なのかは説明がない。また、戦前には「一九八人死亡、生存者一二人」説もあった。以下も同紙。

35 一行二百十名のうち、生き残れるもの僅に十二名…

——昭和三年一月二三日

36 救はれたる者僅かに十二名であつた。

——昭和三年一月二四日

37 生存者は僅かに十二名に過ぎず、百九十八名は哀れ八甲田山の雪の中に鬼と化して了《しま》つた…

——昭和一三年一月二三日

38　当時僅か十二名の生存者を除いた百九十八人の屍…

——昭和一三年一月二三日

39　吹雪荒れ狂ふ八甲田山中、鳴沢に歩兵五聯隊第二大隊山口少佐以下百九十八名の将兵が千載の恨をのんで、その霊を白魔に没した…

——昭和一三年一月二四日

40　第五聯隊第二大隊山口少佐以下二百余名の将兵が寒冷の甲田颪《おろし》を衝いて雪中行軍を行ひ、吹雪のために道を失ひ、彷徨数日、遂に百九十八の英霊が皚々《がいがい》たる雪中に無限の慟哭《どうこく》を残して散華《さんげ》したのであつた

——昭和一四年一月二四日

なぜこんな数字になったのか。おそらくその情報源は明治三五年二月一九日付の同紙ではないかと思われる。その第二面に掲載された表を見れば、大略次のようなことが読み取れる。

41　死亡百九十三、入院中死亡五、生存者十二、計二百十

ただし、同年三月一四日に三浦武雄伍長が死亡し、死者一九九となるのである。

ここで誤解のないよう申し添えるが、東奥日報はここに記した以外は、死者「一九九名」であり、

目的地にしても「田代一泊説」なのである。つまりは混在している訳だ。

目的地の話にもどす。

自衛隊に聞いてみた

おそらく「三本木へ抜ける説」は、旧軍隊あるいは自衛隊が「弔い合戦」をするに際し、17「第一回雪中行軍に於て先輩の企図したると同様青森平地より八甲田山腹及田代を経て三本木平地に進出」し、13「英霊の残された志を完全に成し遂げ」ることで英霊を慰めようとした配慮にあると見込んだ。しかし前述のように、実はそうでもないらしいのである。当初から類説がたびたび報じられてきており、小笠原孤酒や新田次郎が著書を出す前から、すでに9や12、13が語られ、あるいは『東奥日報』にも繰り返しこの説が載っていたのである。


正解は11と思われるが、この道の権威はどのように認識しているのか、尋ねてみることにした。

現在、雪中行軍に関する権威的施設としては、青森市幸畑の「八甲田山雪中行軍遭難資料館」と、陸上自衛隊青森駐屯地内の「防衛館」がある。

前者のパンフレットには次のようにある。原文は横書き。

42　明治三五年、緊迫する日露関係を背景に「青森歩兵第五連隊」は雪中八戸平野に侵入した敵を想定し、青森から八甲田山を越えて三本木へ進軍できるか否かの調査のため雪中行軍を計画した。計画では、青森から田代までの一泊行軍とし、田代に達することができない場合を考慮し雪中露営の準備もされていた。

「田代一泊」説である。

後者については二度入館したことがあるが、メモし忘れたこともあり、書面で問い合わせてみた。次は平成二六年九月五日付の質問状。宛先は「陸上自衛隊青森駐屯地広報室」で、複数尋ねた質問のうちの一つである。

43　青森第五連隊の雪中行軍隊は三日行程で三本木を目指して八甲田山に入ったと小説や映画では描かれていますが、その通りなのでしょうか。

回答は同年九月三〇日に収受した。署名は「小山賢一」とあるが、職名、日付、発行番号、印鑑、契印のいずれもない。ただ封筒はまぎれもない自衛隊のものであった。

44　計画では田代温泉で一泊して、その後三本木に渡って帰隊、天候が悪くたどり着けなければ露営して翌日田代へ向かう計画でした。

「計画では…計画でした」は重複しているが、「三本木へ抜ける説」である。ただし、悪天候のため途中で露営の場合、「翌日田代へ」とはいうものの、その後どのような計画であったか、書かれていない。典拠も示されていないため、それを平成二六年一〇月一日付で再び「陸上自衛隊青森駐屯地広報室」に尋ねた。

45 「田代温泉で一泊して、その後三本木に渡って帰隊、天候が悪くたどり着けなければ露営して翌日田代へ向かう計画でした」とありますが、その「計画」は、何という資料の何頁に記されているのでしょうか。

これに対する回答は、またしても、職名、日付、ナンバー、印鑑、契印のないもので、加えて今度は担当者の氏名さえなかった。文責が誰なのか不明なのである。書き出しにはこうあった。

46 八月に案内させていただいた小山は現在他駐屯地に於いて勤務中であり本人の確認がとれませんので、駐屯地広報室の見解をお答えさせていただきます。

自衛隊は二～三年で頻繁に異動するとは聞いていたが、前任者と確認が取れないものなのか。これで業務に関する責任の継続性は保たれるのか、疑問に思った。さらには、当該責任者が特定されない「広報室」発行の文書となると、責任の所在はますます不明確になるのではないかとも思う。

それはさておき、46に続いて、次のような説明があった。

47　「田代温泉で一泊して、その後三本木に渡って帰隊、天候が悪くたどり着けなければ露営して翌日田代に向かう計画でした」は、「八甲田死の雪中行軍真実を追う」の六九ページ、「指揮官の決断」六ページ、「天に勝つべし」三二ページに書かれています。しかし、遭難始末では、三日分の宿営の計画が記されていますが、二日目以下実施せずと書かれています。

これで説明になるのかと思った。『遭難始末』以外の三書はいずれも平成になってから出版されたものである。

すぐにまた手紙を書いた。平成二六年一〇月二三日付である。

その手紙の中、本題に入る前に、前書きとして次のように記しておいた。文字にしておく意義を認めたからにほかならない。

48　まず残念なのは、回答書に署名、職名がないことで、これでは問い合わせ先や責任の所在がわかりません。また、日付を記していただきたかったと思います。

つまりは、様式をきちんと決めておくべきではないか、ということである。

結局、回答なし

さて、47に対する質問である。

49

「八甲田死の雪中行軍真実を追う」は二〇〇四年の発行。「指揮官の決断」は二〇〇五年、「天に勝つべし」は二〇〇四年の発行です。いずれも事件当時の資料を示している訳でもないようです。しかし、詳しく見ていくと、微妙な差異がありました。説明しますと、

小山さんが書いた回答にはこうあります。

「計画では、田代温泉に一泊して、その後三本木に渡って帰隊、天候が悪くたどり着けなければ露営して翌日に田代へ向かう計画でした」……①

一方、「八甲田死の雪中行軍真実を追う」六九ページではこうです。

「二泊行軍の予定で出発し、田代と大深内村増沢に二泊露営して三本木から古間木経由で帰営するが、悪天候で三本木への行軍が無理ならば、田代の一泊のみで帰営してもよい—というのが真相なのだ」……②

「天に勝つべし」三二ページでは、

「行軍は田代まで行って、できれば三本木まで行きたいということだった。ですから田代まで

の一泊二日の計画でした。条件が良ければ三本木まで、途中増沢で村落露営して三日の行程を考えていたようですが、ひとまず田代まで踏破できれば、という計画で行われました」……③

「指揮官の決断」（私の持っているのは文庫判で二〇ページにあり）では、「行程は青森―田代新湯間の約二〇キロメートル、日程は一泊二日。天候および行軍隊の状態などの条件がよければ、翌日に田代新湯からさらに増沢におもむいて村落露営をし、翌々日には三本木（現十和田市）まで行軍の足を延ばすという二泊三日を予定していた」……④

整理をします。

①は「田代一泊後、三本木へ。悪天候なら露営し翌日田代へ」
②は「田代と増沢に一泊ずつ露営し、三本木へ。悪天なら、田代一泊のみ」
③は「田代までの一泊二日。三本木への希望もあったが、ひとまず田代へ」
④は「田代までの一泊二日。条件がよければ、三本木までの二泊三日」

①と②はどちらも三本木が目的地で、似ています。この点、③と④は田代を目的地にしており、明らかな差異があって、同じではありません。①は②と近いのですが、どの地点で悪天候になるかの想定に違いがあります。①は田代の手前であり、②は田代以降でしょう。

また、①は一泊二日の行程のように読めますし、②は「露営」の意味がわかっていないような気がします。

いろいろ記しましたが、先に書いたように、いずれの本も百年以上たってからの発行であり、
これらを根拠にするのは無理があるように思われます。自衛隊広報室としての見解を伺います。

49は何を言いたいか、というと、47がいかに不適切かということである。書名をあげてそのページ数を記せばいかにも専門的な印象を与え、一般人は納得するか、しないでも黙ってしまうだろう（反論できない）という思惑が透けて見える。

おそらく、49を見た46「駐屯地広報室」は相当に驚いたのではないか。あるいは「何か目的があるのではないか」と勘繰ったのかもしれない。

だが、43は信義に違反しているだろうか。予断を与えず誘導もせず、ただ率直に思いのさまを尋ねたにすぎない。47は勉強不足でいながら、それでも何とかなると思ったところが間違いの素だったのではないか。一次資料に拠らず、一世紀以上後の出版物を根拠にしたことでもそれがわかる。

49は、無署名の回答を受け取ったその日のうちに書いて出したと記憶している。43と44を添付しての問い合わせであった。

これに対する自衛隊の回答だが、待てど暮らせど送られて来なかった。

そこで次のような督促状を送った。次に全文をそのまま掲げる。

50　陸上自衛隊青森駐屯地御中

平成二六年一〇月二三日付で貴隊駐屯地広報室あて質問状を差し上げ、それより六カ月が経

過しましたが、残念ながら、いまだ回答をいただいておりません。よろしくご回答くださいますよう、お願い申し上げます。本状をもって督促させていただきます。

平成二七年五月一日　　　　　　　　　　　署　名

個人や一部署ではなく、組織全体に宛てたのがミソだが、50に対する返答はなかった。

結果、何がわかったか。

自衛隊は回答責任と説明責任を十分に果たさないということである。人事異動に伴う引き継ぎが不十分で、後任者はその異動を理由に説明事項の確認を怠るということ。さらには、担当者が名乗らないことで責任の所在を不明にするということである。

自衛隊が嫌いな訳ではない。凶々しい武器を多数持っていることから、高度な自律心が求められるのは当然と考えてのことだ。

今回、自衛隊に問い合わせたことから、期せずして「陸上自衛隊青森駐屯地」という権威の本質あるいは実態というものを確認することができた。責任のあり方についても同様である。

今となっては、44の説明をいつまで自衛隊は続けるのか注目していきたいし、同時に、もし今後この「三本木へ抜ける説」以外をこの組織が述べた時には、44がどのように処遇されるのかも注目したい。いわば、ウオッチングである。

読者にも協力していただきたいと思う。

第三章　幸畑墓地は骨抜きか

由々しき噂

いつの頃だったか、青森市幸畑の旧陸軍墓地（雪中行軍犠牲者の墓）には実は遺骨は埋まっていないと聞かされ、驚いたことがある。いわゆる巷説といったものだが、その出所が雪中行軍遭難資料館の解説員の説明だと知り、さらに驚いた。墓地に骨がないというのはよほどのことであり、そもそもそんな所は墓地とは言わないのではないか、という気がした。

「幸畑無骨説」によると、犠牲者の遺体（遺骨）は郷里に運ばれ、それぞれの家の墓所に納められたという。たしかに犠牲者の多くは岩手や宮城などの遠隔地の出身で、遺体の鉄道輸送は無料となったことから、そういった話が広まったものと思われる。

この「無骨説」を実際に耳にしたのは、今の資料館が出来て数年たった頃のように記憶している。唐突に、そして衒《てら》いもなく語られたその話は解説員によるものであったこともあり、来館者は疑いもなく受け入れていたように思えた。「実は骨は埋まっていないんですよ」という言葉に一瞬驚いた様子を見せても、反論のしようもなく、そのようなものだと思うしかないのである。念のために記しておくが、唯一の例外として最後の生存者・小原忠三郎元伍長の遺骨だけはこの墓地に埋まっていると解説していた。小笠原孤酒がこの人物の遺骨を携え青森駅のホームに降り立った写真が残っており、孤酒本人が幸畑墓地に埋葬するためであったと記している。同元伍長にそうするよう頼まれた「男の約束」を果たすためであったという。よってこの一体だけは同墓地に埋まっているとはいうものの、他の遺骨は「ありません」と断言している。無論、解説員がである。

しかし、折りに触れて同所を訪れ墓石に祈りを捧げる遺族が、みなそのように受け取っているだろうか。むしろ、骨が埋まっていないと言われることに違和感を覚えるのではないか。いったい、慰霊祭で捧げられたのは空念仏だったのか。にわかに納得できることではないような気がした。

関係資料には「英霊が眠る幸畑墓地」といった表現が繰り返し出ている。英霊は霊魂だから実体がなくても構わないと言えるのかもしれないが、実体なくして霊が眠ると受け取るには相応の根拠が必要であろう。また、遺体（遺骨）を郷里に持ち帰るにしても、分骨あるいは遺髪を青森の地に埋めたということも考えられる。ないと言い切るだけの根拠は薄い。というより、実は、あると考えた方がむしろ自然、といった資料的根拠があるのだ。

一つはいわゆる「埋骨式」だ。当時の『東奥日報』は「埋葬式」としているが、第五連隊が出した案内状には「埋骨式」と記されている。次頁の資料は、おそらく津川連隊長の筆によるものであろう、神成大尉の夫人あてに出された案内状である。「骨」という文字が使われている。

二つ目は昭和三七年六月九遭難六十周年記念式典において岩手県から出席した生存者・阿部卯吉元一等卒の「追悼のことば」の中の次の一節。

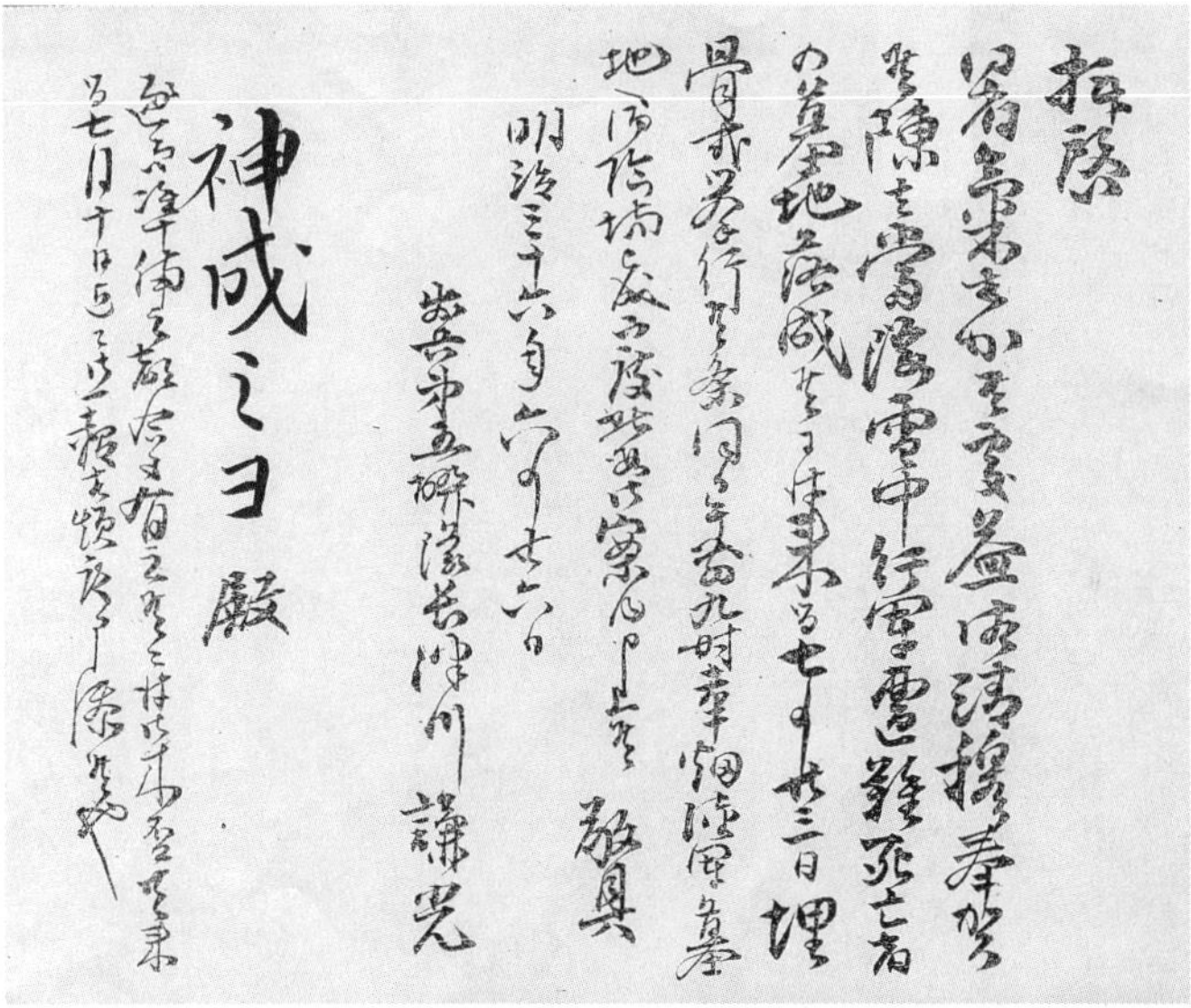
拝啓
貴殿益々御清栄奉賀候
陳者當隊雪中行軍遭難死亡者
の墓地落成致候ニ付来ル七月廿三日埋
骨式相行候条同日午前九時幸畑陸軍墓
地ヘ御参列被下度此段御案内申上候　敬具
明治三十六年七月十六日
歩兵第五聯隊長　津川謙光
神成ミヨ殿

1　今日ここに大隊長をはじめ百九十九名の勇士が整然と眠る配列墓標を見て、猛吹雪と戦ったあの悲壮な状況が、今しきりと私の脳裡を去来しています。誠に万感胸にせまりて言うべきことばもありません。皆さん心安らかにお眠り下さい。
——『雪中行軍遭難六十周年誌』六二頁

この元隊員は幸畑墓地の配列墓標を見て「百九十九名の勇士が整然と眠る」と認識している。このとき「いや実は骨は埋まっていないんだが」と考えた者がいただろうか。はたしてこの感慨、慰霊の誠はいたずらだったのだろうか。こう考えれば、無骨説が萌芽する余地はないと思えてならない。

ここで、案内状にある「埋骨式」について詳しく見ていく。この「埋骨」は文字通り骨を埋めることだが、合図とともに遺族が一斉に骨を埋めるというものではなく、事前に埋骨を済ませた上、関係者一同が墓前で法要を営むといったものであったと思われる。

「埋葬の式を挙行」

明治三六年七月二三日に行なわれたこの式典について、翌日の『東奥日報』は次のように伝えた。

2　嗚呼此の空前の惨事、世界を驚かし、天下の同情を惹《ひ》きたる此の凛冽《りんれつ》なる凍難隊の為めに、遭難地より程遠からず吊《ちょう》魂祭の記念地より僅かに数町なる幸畑の陸軍墓地を東に隣りて新に設けられたる墓地は成り、碑石亦成りたるを以て、忘れもせぬ七月二十三日を以て埋葬の式を挙行せられぬ。嗚呼七月二十三日静かに往時を追想すれば感転《うた》た縦横。

墓地は幸畑の村より出でゝ数町、田茂木野に通ずる道路の右僅かに数歩の所に土堤を廻《めぐ》らして設けらる。其の広袤《こうぼう》東西五十四間、南北に四十間、南方正面には大隊長山口少佐の碑を中央にして、西方には神成大尉、大橋中尉、永井軍医、田中・今泉の両少尉の碑、東方には興津大尉、中野・水野の両中尉、鈴木少尉の碑相並列し、其の前面東側には小山・佐藤の両特務曹長以下九十五名、西側には今井特務曹長以下九十四名の碑、順序能《よ》く並列しあり。山口大隊長と其他の各将校と特務曹長と下士と兵卒と碑は順次大小あり。正面には官氏名、側面には屍体発見若《も》くは死亡の時日を記しつゝあり。碑石は東嶽村大字滝沢より産する御影石なり。墓地は土地高く位置頗《すこ》ぶる宜しきを得たり。墓所としては殆んど間然する処なきに似たり。死者以て銘ずるに足らんか。只だ恨みらくは地余りに僻《ひが》なるが為め参拝者の陸続として絶ゆるなきに至らしむること能はざるを。墓地土堤外の入口右側には墓地取締者の建物あるを見る。（中略）

遺族は将校側にては興津、水野、今泉三氏の分を除き他は何《いず》れも参拝あり。兵卒の方にては全く欠けたるもあれども、内には一家族中三、四名の多きに達せるもありて、総数三百八十名と聞へぬ。

さて、それでは埋骨セレモニーはあったのか。その日程を前同紙より左に。

3

午前八時よりは神官の祝詞《のりと》あり、簡単なる式典を行ふ。午前九時に至るや来賓は右側に、遺族は左側に整列し軍隊の参拝を行ひぬ。津川聯隊長、星衛生病院長、……の参拝あり。次で立見師団長、友安旅団長、……並各来賓は順次参拝し、一方には山口少佐未亡人、各遺族の参拝あり。其の間、歩兵第五聯隊は各大隊毎に参拝せり。参拝の終りしは九時四十分頃なりき。夫より一般公衆の参拝を許されたり。

その後、第五連隊営内において午餐の饗応があったというが、午前八時から神官の祝詞が上げられたというからには、事前に納骨は済ませてあったと考えるべきだろう。案内状に「午前九時幸畑陸軍墓地へ御臨場被成下度」とあったということは、もしかすると宗教（政教分離）に配慮したものであったのかもしれない。祝詞は一時間前に始まっていたのである。いずれにせよ、「埋」の字を使っていることから、「埋めた」のであろう。少なくとも、「埋めなかった」とは考えにくい。

2によると、正面に山口大隊長以下一〇名の将校、手前東側には九五、同西側には九四の下士卒、合わせて一九九となる。

この一九九の墓石についてだが、同年一月一五日の『東奥日報』は、こう伝える。

4　凍死軍人の紀念碑　昨年の今月、第五聯隊の雪中行軍隊百五十九名が無惨な凍死を遂げたるは中外の惨事として今尚ほ記臆に新たなる所なるが、全国各軍人の醵金になれる紀念の石碑百九十九本を遭難地に建立することゝなり、先般来数十名の石工を以て着手し居れるが、既に大半出来上りたりといふ。

「百五十九名」は誤植と思われるが、翌一六日の同紙には訂正記事が出ている。

5　一昨日紙上に「凍難軍人紀念碑」と題して石碑百九十九本を遭難地に建立すべしと報じたるは本項の誤りにして、右百九十九本の石碑は全然陸軍の費用を以て製作中の由にて、来る三月下旬出来の上、之を幸畑なる陸軍墓地に建立するものなりと云ふ。因《ちなみ》に仝石碑建立の際には一の祭典を行ひ、此の時には多数の凍死者の遺族を案内して来青せしめん予定なりと。

「一昨日」は「昨日」の誤りだろう。訂正記事に誤りがあったことになるが、「一の祭典」がつまりは叙述が前後するが、2と3の「埋骨式」なのである。

もはや「百九十九」の数（前章一二八～九頁参照）については疑いあるまい。

芥説払拭を図る

平成二六年五月一七日、縁あって幸畑の雪中行軍遭難資料館の関係者を相手に講演を行なった。前年二月に始まった一連の研修の最後で、これが四回目であった。聴衆わずかに八人。

この講演では七つの項目について語った。そのうち、幸畑墓地の遺骨問題についてはその中の三番目であった。多数の資料を並べて提示して説明したが、ここでは、その資料（6～13）を講演時のまま手を加えずに示す。そのため、一部で既述の引用例と重複するが了承されたい。コメントについては後にまとめて記す。

6　遺族ノ要求ニヨリ左ニ種類ヲ分チテ遺骸ヲ処分セリ。

一、遺族ニ引渡ノ後、汽車輸送スルモノ、或ハ火葬ニ付スルモノ。
二、遺族出頭セズ、死体掛員ニ於テ汽車輸送スルモノ、或ハ火葬ニスルモノ。
三、死体掛員ニ於テ埋葬スルモノ。

――『遭難始末』一八二頁

7　死体受領ノ際、遺髪ヲ聯隊ニ遺シ置カレタシ。

――『遭難始末』一九一頁

8　電報ニ接シテ出頭シ来リシ遺族ノ請求アルトキハ死体ヲ其儘《そのまま》下付シ、停車場マデハ相当ノ礼ヲ備ヘテ之レヲ送ルモ、若シ其請求ナキニ置テハ聯隊ニ於テ出来得ル限リノ礼ヲ備ヘ陸軍墓地ニ埋葬セリ。

――『第五聯隊遭難始末』八五頁

9　則二百之骨、雖朽乎、其英気所磅礴、百世之下、猶足以振士気矣。

――納骨式の記念に建てられた「江山留正気」石碑裏面にある津川聯隊長の撰文。

10　今日ここに大隊長をはじめ百九十九名の勇士が整然と眠る配列墓標を見て、猛吹雪と戦ったあの悲壮な状況が、今しきりと私の脳裡を去来しています。

――『青森市史別冊雪中行軍遭難六十周年誌』六二頁　生存者阿部卯吉の追悼の言葉

11　村松さんは生前から「オレが死んだら戦友の眠る幸畑の墓地へ埋めてくれ」といっていたとい

う。

——昭和三八年一月二三日付『東奥日報』

12
（註・昭和四五年）三月二十六日正午　吹雪く青森駅頭に　小原さんの遺骨を抱いて降り立った　これは生前小原さんと交わした男の約束であった。この日は小原さんにとっては　無言で見る六十八年目の雪の青森であった。この最後の生き証人を葬れば参加隊員二百十柱の英霊が幸畑の陸軍墓地に一堂に会することになる

——小笠原孤酒著『吹雪の惨劇』第二部　巻頭「遺骨を抱いて」

13
雪中行軍で遭難死した鈴木守登は明治維新当時、三本木（現十和田市）に移住した会津藩士、鈴木助之允の次男である。

墓は現在「十和田市奥瀬下川目」在住、鈴木正幸氏の菩提寺・浄圓寺にある。（略）尚、鈴木正幸氏の言によると遺骨は後に青森幸畑の陸軍墓地に再埋葬と父親から伝聞との事である。

——澤口騏三夫「八甲田雪中行軍遭難事件と大掘《ママ》公園の『念忠碑』思考」八戸地方労働基準協会会報「かけ橋」第八三号に掲載

10は1と同じ。11の「村松さん」とは生存者・村松文哉元伍長のことで、逝去を伝えた紙面にあったもの。小原、村松の各生存者は幸畑墓地に遺骨があると確信していただろう。だからこそ自分もその時が来れば仲間に加わりたかったのだろう。後れ馳せながら隊伍に就き、集結を完了させ

たかったのではないか。また、12は本章冒頭に記した「男の約束」に関わる「唯一の例外」で、その資料的根拠になる部分。

こうして6〜13を示し解説を加えていくと、幸畑墓地には遺骨がないなどと来館者に言えるようなものではないことが十分理解してもらえたと思っていた。事実、講演会では質問も意見も出ず、これで一安心と思っていた。

しかし、実際のところはそう簡単には済まなかった。「芥説」は想像以上に頑固で、執拗な抵抗を示したのである。なお、「芥」はゴミの意。

「観光課にあります」

先の講演から三カ月半が経過した平成二六年八月三一日、NPO法人十和田奥入瀬郷づくり大学が「八甲田雪中行軍の史跡めぐり」というバスツアーを開催した。どんな内容か関心があり、随行してゆかりの地を巡った時のことである。昼近く、青森市幸畑の八甲田山雪中行軍遭難資料館に到着し、幸畑墓苑を見て回った時、同資料館の解説員がこう言った。

「ここには犠牲者の墓が一九九、そして生存者一一人の石碑がありますが、遺骨は埋まっておりません」

え？　と驚いたが、まずはこう尋ねてみた。

「本当にないのですか」

「ありません。ただ、最後の生存者・小原伍長の遺骨はあるようです」

この解説員は五月の講演を聞いた人であった。それがこうツアー参加者に解説しているのだ。

はっきり言ってカチンと来たのだが、来館者の手前、冷静にその場は対処した。

昼すぎ、同館を発って、ツアーは青森の陸上自衛隊青森駐屯地内「防衛館」へと向かった。

そこでも自衛隊の説明員に同じ質問つまりは「幸畑墓地に骨はあるのか」を尋ねてみた。答えは、

「ないです。あそこには」

というものであった。

これでは済まされないと思い、九月五日に陸上自衛隊青森駐屯地広報室にあてて書簡で尋ねてみた。答えは説明された内容と同じだったのだが、委細については後述する。

それから二週間がたち、翌月一三日のこと。所用で同館を訪ねた際、先の解説員が館内で在勤していたため、このことについて尋ねてみることにした。聞き違いであっては困る。

「たしか遺骨はないと言っていましたが、本当にないのですか」

「ありません」

「それは何かそういう資料があるのですか」

「あります。市の観光課にあります」

「観光課？」

「はい、資料館は観光課の管轄です」

「そうですか。で、そこで見たのですか」

「はい」

「では、それを見たいのですが、コピーを送ってもらえないでしょうか」

「いいですよ」

ということで、連絡先を紙に書いて渡し、以後、その返答を待った。

三日が過ぎ、一週間がたっても何の音沙汰もない。

三週間が経過し、なおも回答がないことにしびれを切らし、こちらから督促の手紙を出すことにした。念のため、返信用の封筒を入れてのことである。

それから二、三日後、この解説員から電話があった。

「幸畑墓苑の遺骨の件ですが、私の思い違いのようで、青森市の観光課には遺骨がないという資料はありませんでした」

あれだけ断言したのだから、何かはあるだろうと踏んでいたが、何もなかったというのである。

本人が電話を切ろうとしたため、あわてててこう言った。

「こういうことは電話ではなく、せっかく返信用の封筒を送ったのですから、手紙でお答え下さい」

同人からは一〇月四日付で次のような書簡が届いた。

14　青森市の方に資料があると申しあげましたが私の思い違いで資料はありませんでした。

続いてお詫びの言葉が添えられていたが、率直に認めたことから、氏名はここに掲げない。ただ、返信用封筒に書かれた宛名の「○○行」は二重線で消して「○○様」に変えるものだが、そうはなっていなかった。相当腹に据えかねたか、ものを知らないか、どちらかだと思った。

ここでわかったことは、講演を聞いて資料を示されても自分の思い込みは変えないということだ。解説員からしてこうした有り様で、痼疾といってもいいくらいの頑固ぶりである。このように芥説は世にはびこり、是正されないのである。聞く耳と改める心がなかったらどんな研修をやっても無駄である。

これで終りにしてもよかった。今度こそ大丈夫であろうと思った。しかし、前例もあるし、いったいその青森市の観光課には本当に資料がないのか、ないと認めるのか確かめてみたくなった。いずれにせよ、市の認識を確認する意義があるはずだ。

そこで手紙を書いて送ったのだが、これが一筋縄ではいかなかったのである。

お役所仕事

最初の手紙は一〇月初旬、宛先は「青森市長　鹿内博殿」である。こういった場合は最高責任者に聞かないと埒があかない。経験上の知恵である。次にその全文を掲げる。

突然お便りを差し上げる非礼をお許しください。

私は弘前市在住で、明治三五年に八甲田山で起きた雪中行軍遭難事件について関心を持ち、調べている者です。今までに二冊、関係著書を出版しておりますが、疑問に思うことがあり、ぜひお答えいただきたく、本状を差し上げました。以下にそれを申し述べます。

八甲田雪中行軍遭難事件における行軍隊員の墓地は幸畑の墓苑内にありますが、遭難資料館のガイドの話では「ここの墓地には遺骨は納められていません」とのこと。墓地に遺骨がないのは不審であり、特に明治三六年には納骨式が行なわれております。納骨とは文字通り「骨を納めること」です。ガイドの方は、「遭難者のほとんどは他県の方で、遺体か遺骨はそれぞれの郷里に運ばれそこの墓地に納められた」と説明していました。よって、幸畑の墓地には遺骨はないということでしたが、どうにも納得いたしかねます。分骨ということも考えられるのではないでしょうか。

ちなみに、在青森の陸上自衛隊駐屯地内にある防衛館でも係員がやはり「幸畑墓地には遺骨はありません」という説明でした。よって、まずこの陸上自衛隊に書面で問い合わせたところ、「八甲田山雪中行軍遭難資料館の職員が説明された内容です。事実のことと思われます。数多くの資料などを読みましたが、残念ながら墓地についてのその根拠になるものは見当たりませんでした」という返書を広報の方からいただきました。つまりは、遺骨は墓地にないという防衛館の説明の根拠は「八甲田山雪中行軍遭難資料館の職員」の「説明」によるということになります。

それでは、ということで、機会を得て八甲田山雪中行軍遭難資料館の職員に口頭で尋ねたところ、「青森市の観光課の資料にたしかあった」という返事をいただきました。そこでそれを送ってくれることに話がつき、実際、その返書を得たところ、「青森市の方に資料があると申し上げましたが私の思い違いで資料はありませんでした」ということでした。

この返書を送ってくれた方はガイドクラブの□□で、□□□も同様に「骨はない」との話をしておりました。つまりは、この資料館が出来てから、おそらくは十年以上も「骨はない」という説明を来館者にし続けてきたことと推察されます。これは問題ではないでしょうか。

そこで私は、青森市はこのことについてどのように考えるのか、所見を伺いたく、本状を差し上げた次第です。管轄は観光課になるのか、あるいは別のところかわかりませんが、好適な責任部署からの返書をいただきたいと思います。幸畑墓苑は青森市の史跡に指定されているかで、また雪中行軍遭難資料館は青森市が主体的に関係していると伺っております。

質問事項を次に整理します。

幸畑墓苑にある雪中行軍遭難者の墓地には、当該関係者の遺骨が埋まっているのでしょうか、いないのでしょうか。また、骨はないとする「青森市の方」の資料について、幸畑の資料館の解説員からは「ありませんでした」という返事をいただきましたが、その通りなのでしょうか。

返信用の封筒を同封いたしましたので、お答え願いたく存じます。
なお、申し添えますが、このことについては、次著において結果を世間に公表する用意がありま
す。ご了解ください。私は社会に対し、正しい情報を伝えたいと考えております。ご多忙とは推察
申し上げますが、よろしくご協力をお願い致します。
平成二六年一〇月七日　　　　　　　署　　名

文中、「納骨式」は正しくは「埋骨式」であった。□は故あって本来の文字を伏せた。
で、15の要点は、

16　①幸畑墓苑には遭難者の骨が埋まっているか、いないか。
②資料館の解説員は、骨はないとする資料は青森市になかったと言っているが、その通りか。

この二点である。込み入った話ではないため、すぐに回答が得られると思っていた。しかし、これがなかなか届かない。やっと届いたのは、二カ月近くたった一二月になってからのことであった。なお、15「次著において結果を世間に公表する」は、こうして本に書いて出すための布石であった。役所の職務でもあるし、公表することに問題はないはずだという確認である。

さて、その回答を次に示す。題は「八甲田山雪中行軍遭難者の遺骨について（回答）」。一二月

二日付で、本文は横書き、数字は算用数字で書かれていた。以後、公文書は同様。

17　平成二六年一〇月七日付けで照会のありました標記の件につきましては、事実関係を関係各署に確認し、本市においても資料を調査いたしましたが、「遺骨が納められていない」という確かな事実を証明する書類はございませんでした。

幸畑墓苑ボランティアガイド協会が、「遺骨がない」と解説していたことについては、歩兵第五連隊編集の「遭難始末」に、「遺骨は遺族または原籍地の役所へ郵送された」と読み取れる文書（別紙一、二）を根拠とした説明であったようです。

八甲田山雪中行軍遭難資料館は、遭難事件の史実を後世に継承するとともに、本市の観光及び地域振興を図ることを目的としておりますことから、遭難事件の史実の説明につきましては、幸畑墓苑ボランティアガイド協会と十分に確認し合いながら対応させていただきます。

回答が遅れましたことを深くお詫び申し上げます。

さて、17は16にきちんと答えているか。

①は骨の有無を聞いているが、17では有るとも無いとも答えていない。

②の資料の有無は「書類はございませんでした」とあるものの、それには修飾語が附いている。「確かな事実を証明する」がそれで、これでは一部の答えにしかなっていない。つまりは「確か」とまでは言えない場合については言及していないのだ。都合のいいことだけを述べ、それ以外は放

擲しているのであり、いわば責任逃れだ。換言すれば、ゴマカシ、あるいは頭が悪いのである。第二段落では単に疑問視された行為の原因について推測しているだけであり、推測では責任を果たしたことにならない。単なる余白の埋め草である。

第三段落は何ら回答とは違う、手前味噌の能書きに過ぎない。

最後の「お詫び」は「詫びるくらいなら、ちゃんと出せ」ということだ。

17の「別紙一、二」は長文になるので、その要点を次に記す。まずは別紙一。「遭難始末」が記す遺骸の処分について。

18　一、遺族ニ引渡ノ後汽車輸送スルモノ或ハ火葬ニ附スモノ

二、遺族出頭セズ死体掛員ニ於テ汽車輸送スルモノ或ハ火葬ニ附スルモノ

三、死体掛員ニ於テ埋葬スルモノ

別紙二は18の二についての解釈である。

19　二、遺族出頭セズ死体掛員ニ於テ汽車輸送スルモノ或ハ火葬ニ附スルモノ

第二項ニ属スル死体ハ汽車遺骨ハ小包郵便ニテ原籍地ノ町村役場ニ宛送附セリ

略《ママ》　遺族が出頭せずに処置した死体は汽車で、遺骨は小包郵送にて、原籍地の町村役場宛

に送付した。

汽車輸送ハ日本鉄道会社ノ好意ヲ以テ無賃トナシ火葬モ又青森市役所ノ同情ヲ以テ無料トナシ大ニ遺族ノ便宜ヲ計レリ

略《ママ》　汽車輸送は無賃、火葬も無料とし、遺族の便宜を図った。

カタカナを使った部分は「遭難始末」からのコピーの切り貼りで、「略」で始まる部分は役所の説明である。聡明な読者はもうお気付きであろうが、18は講演会で示した資料6なのだ。講師つまり本書の著者は6を「遺骨は埋まっていないとはいえない」ことの説明に使ったのに対し、青森市は同じ資料を17「遺骨がないと解説していた」ことについての弁明の資料に用いたのである。17「遺骨は遺族または原籍地の役所へ郵送された」と読み取れる文書があったからといって、幸畑墓地に遺骨はないという説明を正当化することにはならないのである。その答えは18の三に「死体掛員ニ於テ埋葬スルモノ」とあるからで、これは幸畑墓地には遺骨が埋葬されていることの証しにほかならないだろう。少なくとも「遺骨はないとは言えない」ことを証明する十分な資料といえよう。

青森市役所は意図的に18の三を取り上げず、二だけを掲げて保身を図ったのである。そしてそのことを非難されないよう、17「確かな事実を証明する書類はございません」という弁明を掲げたのだ。質問者、そして事情を知ろうとする者にえも言われぬ不快感を与えたのはこのためであった。人をいらだたせるのは無神経な言動である。非を認めたくないために何とか言い逃れをしようとするその浅ましさが、人をしてうんざりさせるのである。

公文書はこれでいいのか

17の問題点はまだある。発信者が「青森市経済部観光課長」となっていたことで、宛先は「青森市長　鹿内博殿」であったはずだ。聞かれた者が答えなくてどうする。他人が答えたら突き返されても仕方があるまい。いちいち市長が答えられないとはいえ、「市長の指示で私〇〇が…」といった一文を添えれば十分可能なはずだ。まだ問題点はある。それは、差出人が名乗らないことだ。「観光課長」という職名だけで済ますのは大変失礼である。フルネームを名乗ってしかるべきだが、さらに問題点はある。職印というのか公印というのか、いわゆる印鑑が「青森市課長之印」というものであったことだ（次頁参照）。これでは使い回しが出来るではないか。印鑑というのは当人以外ではないという証明（アイデンティフィケーション）の働きをしているのであって、これは大いに疑問に感じた。よって本旨とは異なるが一二月一〇日付の書簡で尋ねてみた。

回答はなんと翌年二月四日付であった。この遅さ。これで青森市の職員は飯が食えるのである。

その回答だが、「青森市経済部観光課長　渡邊慶隆」とあった。「青森市長鹿内博殿」に尋ねたのにである。回答書の冒頭には「青森市長鹿内博並びに当課長への照会のありました件につきまして、下記のとおり回答いたします」とあり、勝手に「並びに当課長への照会のありました」を付け加えている。こうやって市長に成り代わっているのだ。これは一種の不正行為である。

さて、その回答。

20

［公文書の取扱いについて］

①公文書に名前がないのはなぜか。

・公文書については、職名のみの文書と職名及び職員名を記載する文書の二通りがございます。平成二六年一二月二日付けの回答文書につきましては、公文書としての発送番号を付し、公印の課長印を押印させていただいた青森市の公文書です。（略）

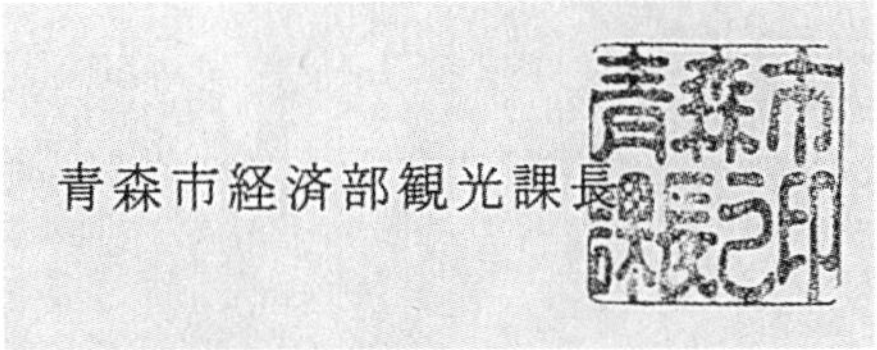

②「青森市課長之印」という印鑑が存在するのはなぜか。

・「青森市課長之印」については、青森市公印規則に定められた公印であり、課長名をもってする文書に使用（市役所全課長共通）する公印と定められております。

①でわかるのは、青森市の公文書に二種類あり、ぞんざいタイプで済ませるのか、ていねいタイ

プが必要なのか相手を見て使い分けるということだ。15の書簡にはぞんざいタイプで十分と判断されたことになる。見くびられた訳だが、その判断基準を知りたいものだ。軽くあしらって構わないと見込んだその性根、誰もが持てるものではない。

続いて印鑑。市役所全課長共通の「青森市課長之印」を使用し、それで普通ということらしい。このハンコ一個だけを使い回しするのか、各課にそれぞれこのように彫られた公印が存在するのか、知りたかったところである。しかし、こんなことをして、不祥事を助長することにならないか心配になるし、そもそも公印を押す意味があるのか、という思いがする。「公印省略」とする文書を見たことがあるが、それはそれで見識だと思う。

読者はこのことについてどう思うだろうか。それにしても、この20の文書を出したのが17を書いた当人なのだから説得力はない。弁解するに決まっているのだ。

「陸軍墓地ニ埋葬セリ」

話を17の遺骨の問題に戻す。この公文書に対し、一二月一〇日付（印鑑の質問状と同日）で次のような二度目の書簡を送った。宛先はこの時点では本人が名乗っていなかったため「青森市経済部観光課長」である。

21

回答文を拝見するに、「『遺骨が納められていない』という確かな事実を証明する書類はございませんでした」とありましたが、それでは、確かであれ不確かであれ遺骨が納められていない事実を証明する書類はあるのでしょうか。肝心なところですので、お答えください。幸畑墓地に遺骨がないというガイドの説明は、ややもすれば英霊とその遺族への冒涜にもなりかねませんので、ぜひご回答願います。

次に、同送いただいた別紙資料についてですが、『遭難始末』の一八二頁の三項目、つまり、

一、遺族ニ引渡ノ後汽車輸送スルモノ或ハ火葬ニ附スモノ
二、遺族出頭セズ死体掛員ニ於テ汽車輸送スルモノ或ハ火葬ニ附スルモノ
三、死体掛員ニ於テ埋葬スルモノ

このうちの「二」についてのみ取り上げ、幸畑墓地に遺骨が納められていないという説を裏打ちするかの既述をなさっていますが、この「三」はまさに引き渡しをせず埋葬するということを表しているのではありませんか。

この三項目を整理しますと、

一、出頭した遺族には遺体を直接引き渡す。
二、出頭しなかった遺族には、掛員が送り届ける。
三、遺族が引き渡しを求めなかった場合は、掛員が埋葬する。

このようになるのではありませんか。お示しの資料は「遺骨が納められていない」ことを証明する資料ではなく、むしろ、遺骨が埋葬されていることを示す資料と見るべきではないでしょうか。ご見解を伺います。

ところで、私は次のような資料を見かけましたので、紹介させていただきます。『第五聯隊遭難始末　附第三十一聯隊雪中行軍記』というもので、青森県立図書館にたしか所蔵されているはずです。私の見たのは増補八版で発行人は近松雄吉、発売元は近松書店、発行日は明治三十五年四月十一日です。その八五ページ。

電報ニ接シテ出頭シ来リシ遺族ノ請求アルトキハ死体ヲ其儘下付シ停車場マデハ相当ノ礼ヲ備ヘ之レヲ送ルモ、若シ請求ナキニ於テハ聯隊ニ於テ出来得ル限リノ礼ヲ備ヘ陸軍墓地ニ埋葬セリ

はっきりと「陸軍墓地ニ埋葬セリ」と書かれています。また、明治三六年七月二三日には、

幸畑陸軍墓地で「埋骨式」が行なわれています。「埋骨式」をやっているのに「骨が納められていない」ということはあるのでしょうか。郷里へ遺体か遺骨を輸送したという事実はあるのでしょうが、だからといって陸軍墓地に「遺骨が納められていない」ということにはならないと思います。いったい、骨はあるのでしょうか、ないのでしょうか。今まで何度も慰霊祭を行なってきた青森市の公式見解をお聞かせください。また、平成二七年度も幸畑墓苑に来た人に対し、やはり「骨は納められていません」と説明なさるのでしょうか。それとも変更なさるのか、も併せてお知らせ願いたいと存じます。（以下、略）

『遭難始末』の一八二頁の三項目は、6と18ですでに紹介済み。また、『第五聯隊遭難遭難始末…』の該当箇所は、8と同じ。また、21の傍線は原文通りである。

お役所の手口

一二月一〇日付の21に対し、回答は驚くべし、翌二七年三月三一日付、つまりは該年度の最終日であった。この間、三カ月と二〇日ほど。20と同様、青森市のお役所仕事ぶりがあからさまだ。内容もまた然りである。

22　平成二六年一二月一〇日付けで照会のありました標記の件について、ご提言いただきありがとうございます。

　このたびの照会内容から、本市においても資料を調査しましたが、事実を証明する書類が無いことから、陸上自衛隊青森駐屯地第五普通科連隊に、その事実関係を照会した結果、別紙の通り「遺骨の有無については、資料の確認及び聞き取り確認などを行いましたが、遺骨埋葬の確証が得られませんでした」との回答をいただいたところです。

　よって、本市といたしましては、遺骨に対する事実を証明する書類の入手までには至らなかったことから、施設の説明（ガイド）対応についても配慮して参りたいと思っておりますので、何卒ご理解を賜りますようお願い申し上げます。

「標記」は「八甲田山雪中行軍遭難者の遺骨について（回答）」である。これについて「ご提言」などしていない。傍線部を尋ねているのだ。これを「ご提言」と書くのである、青森市は。

それにしても、22の内容空疎なこと。三カ月余り待たせてこれである。青森市は自分ではもうどうにもならないらしく、自衛隊を当てにした。

しかしその自衛隊にしても、すでに15の中で示した通り、幸畑の資料館のせいにしていたのである。その時の質問（九月五日付）とそれに対する答え（同月三〇日着）を、次の23（質問）と24（回答）で記す。なお、文中の「説明」とは八月三一日に開催されたバスツアーでのこと。

23　幸畑の雪中行軍遭難者の墓地には、生存者・小原伍長を除いて、骨が納められていないという説明がありました。墓地に骨がないというのはいささか疑問に感じます。そこでお尋ねしたいのですが、なぜそう言えるのか、その根拠をお教えください。実際に発掘して出なかったとか、何かの資料にそう書いてあるとか、裏付けについて御教示いただきたいと存じます。

24　八甲田山雪中行軍遭難資料館の職員が説明された内容です。事実のことと思われます。数多くの資料等を読みましたが、残念なら墓地についてのその根拠となるものは見当たりませんでした。

22で青森市は、自衛隊もわからなかったことだとし、自らの回答の責任の軽減または自己正当化を図ろうとした。しかし、22「遺骨に対する事実を証明する書類の入手までには至らなかった」としたことで、資料館の説明員が「遺骨はありません」と断言したことが正しくなかったと市が認めたことになった。さらには、15「骨はないとする『青森市の方』の資料について、幸畑の資料館の解説員からは『ありませんでした』という返事をいただきましたが、その通りなのでしょうか」という問い合わせに対し、「その通り」と答えたことになる。

やっと認めた訳だが、なんとか責任を認めずにはぐらかそうという意識が情けないほど感じられて本当に情けない。

ここで22に戻る。なぜ年度の最終日の日付なのか、その後やっとわかった。人事異動があり、担当者が代わるのである。「三カ月と二〇日ほど」待たせた訳だ。人事異動を逃げの口実にしたのだが、期せずして青森市と自衛隊のやり口が見えてきた。

まずは限定用法によるスリカエである。17「確かな事実を証明する書類はございませんでした」は、22の中で使われている「確証」と重なる。

これは、自分の都合に合わせて相手の質問を変えてしまうという手口だ。問われてもいない「確証」の「確」、そして、17の「確かな事実を証明する書類」のやはり「確」により質問を都合よく限定してしまうのだ。本当に確実な場合は認めるとして、それ以外のグレーゾーンについては、「確実」でないというただ一つの理由で回答責任を放擲してしまうのである。実に楽なやり方で、自分はウソをつかずにすむし、一応回答はしていることで回答責任をクリアーするのである。しかし、一〇〇パーセントそうであるか否かを答えているだけなので、否の場合については何も考えていないのだ。相手の問いを自分に都合よくスリカエているのであって、結果、考慮せず、報告せず、工夫せず、努力せず、対策も考えず、で済んでしまうのである。いかにもお役所的で自分さえ不始末をしなければそれでいいのだ。これでは進歩も発展もない。

二つ目は人事異動に便乗した責任逃れだ。自衛隊の広報担当者は八月で異動し、後任は第二章の46「確認がとれません」としてそれで済まそうとした。また、本章では青森市の観光課長が三カ月と二〇日あまり待たせ当該年度の最終日の日付で回答をするというやり方をした。このシゴトをしたのは前述の通り渡邊慶隆という人である。それもフルネームを名乗るよう求めたために判明したことで、黙っていたら職名だけで済まされていただろう。いかにもお役所仕事である。

三つ目は正体を隠すやり方で、17の「観光課長」がそれだし、前章46、47の陸上自衛隊青森駐屯地広報室が出した「名乗らず式」がそれだ。誰なのかよくわからないよう名前を隠している。責任を曖昧にしたいのが見え見えで、無責任きわまりないやり方である。

四つ目は、言及しないという回答法で、例えば21の傍線部についてはほとんど答えていない。都合が悪かったり面倒くさい場合にこの手を使うのである。22「遺骨に対する事実を証明する書類の入手までには至らなかった」と青森市が認めたからには、15「ここの墓地には遺骨は納められていません」とするガイドの説明は正しくなかったことになるのだが、そのことには触れないのである。ただ単に、22「施設の説明（ガイド）対応についても配慮して参りたいと思っております」と述べるだけだ。どう対応するのか何も言及していないのである。ちなみに、自分の名を名乗らないことで責任を負わずに済まそうとするのもこの「言及しない」にあたる。

五つ目は責任分散または丸投げで、青森市と自衛隊が互いに相手の言い分を自らの業務の根拠としている。青森市は22「陸上自衛隊青森駐屯地第五普通科連隊に、その事実関係を照会した結果、別紙の通り『遺骨の有無については、資料の確認及び聞き取り確認などを行いましたが、遺骨埋葬の確証が得られませんでした』との回答をいだいたところです」としているし、自衛隊も24「八甲田山雪中行軍遭難資料館の職員が説明された内容です」と答えた。

六つ目は言葉づかいでごまかすというもので、22の「配慮」がそれにあたる。あいまいな表現のため、何のことかわからないのだ。類例に「善処」というのがある。

七つ目としては「返答せず」もある。第二章50の督促状に答えないというやり方がそれで、そして本章でもこの後この手口が出て来るのである。

非は認めず

さて、年度が変わったが、担当者が代わったとは知るよしもなく、22に対する質問を渡邊課長あてで出した。22はまるで話にならないからである。

25　三月三一日付回答書、拝受いたしました。書面中、「事実を証明する書類が無いことから…」という部分がありましたが、同封のような「埋葬證書」が現存しております。本日、手持ちの資料の中から発見しました。場所についての記述はありませんが、「歩兵第五聯隊長津川謙光」が郷里の墓に埋葬されたことを証明するはずがありません。きちんと陸軍墓地に埋葬したことを及川良平一等卒の遺族に証明したもの、という解釈以外は無理でしょう。疑問がありましたら、幸畑の資料館に御問い合わせください。

これで、来館者に「遺骨が埋葬されていない」としてきた「八甲田山雪中行軍遭難資料館の説明は正しくないことが明らかになりました。青森市観光課長の「事実を証明する書類が無い」

という回答（註＝22の「回答」のこと）も、陸上自衛隊青森駐屯地第五普通科連隊の「連絡」も、調査が不十分だったことになります。

なお、前記御書には「施設の説明（ガイド）対応についても配慮して参りたいと思っております」とありました。この「配慮」とは、具体的にどのようなことを指すのでしょうか。お示しください。平成二六年一二月一〇日付の書面で私は「平成二七年度も幸畑墓苑に来た人に対し、やはり『骨は納められていません』と説明なさるのでしょうか」とお聞きしましたが、これに対する回答はありませんでした。おそらく「配慮」と関係するのだとは思いますが、繰り返します。具体的にどんな「配慮」をするのでしょうか。

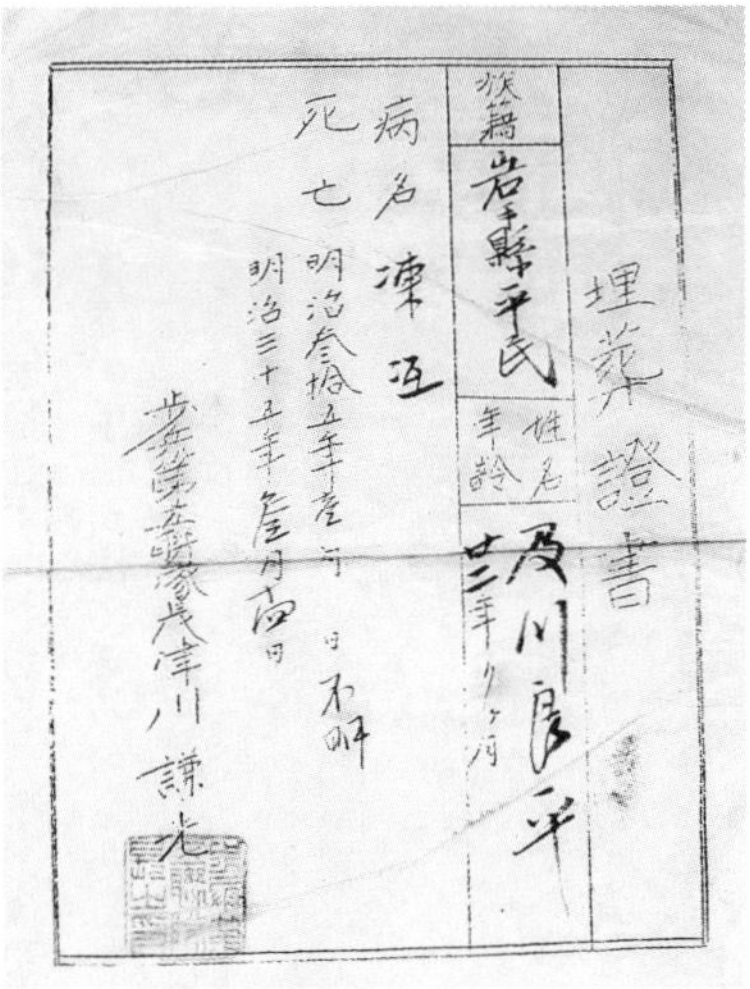
埋葬證書
族籍 岩手縣平民
姓名 及川良平
年齢 廿三年ヶ月
病名 凍冱
死亡 明治参拾五年壹月 日 不明
明治三十五年壹月四日
歩兵第五聯隊長 津川謙光

それから、今まで来館者に「骨はない」と説明してきたことについて、青森市はどのように対処するのでしょうか。「骨はない」という説明は正しくなかったということをどのようにして世間・社会に伝え、誤解を解こうと努めるのでしょうか。これも具体的に教えてください。現在未定の場合は、決定され次第、お知らせ願います。ともかくも、今月末までに何らかの回答をください。

平成二七年四月七日　　　　署名

この「埋葬證書」だが、幸畑の資料館に展示してあったものだ。これぞ埋葬を証明したものと考え、こうして観光課にぶつけてみた。しかし、この「埋葬證書」、実は思惑違いであったようなのだ（後述）。しかし、ともかく、これからの説明はどうするのかと、今までの対応についてどう世間に訂正するのかを聞いている。「配慮」についても併せて尋ねてみた。「今月末」と期限を示したのは、前と同様、何カ月も待たされてはたまらないからだ。

25に対する回答は四月三〇日付であったが、これまたひどいものであった。この公文書を出したのは観光課長「百田満」とあり、これで前書が三月三一日付であった訳を知ったのであった。

26　平成二七年四月七日にご質問がありました「八甲田雪中行軍遭難者の遺骨」についてお答えします。

今後、八甲田山雪中行軍遭難者の遺骨の有無に関する説明にあたっては、「八甲田雪中行軍遭難者の遺骨は、家族や出身地へ渡ったもの、一部ではあるがここ幸畑墓苑に埋葬されている可能性もあります。」とする方針です。

また、幸畑墓苑で市がこれまで行ってきた説明や八甲田雪中行軍資料館のガイドについては、新たな資料や川口様のご意見を参考に説明して参りたいと考えております。

この26が25に対する回答だというのだ。前の課長もひどかったが、今度の課長もひどいねえ。役人というのはどうしてこんな無神経で配慮のない文書を平然と出せるのか、まったく不思議でならない。おそらく国語力も常識もないのであろう、と思う。「川口様のご意見を参考に」とあったが、協力など誰がするものか。こんな非常識な公文書を出してそれでいいとする、そんな考えはやっつけなければならない。「これは本に書かなければ」と、思った。

26に対する質問書は五月一日付で出した。

27　昨年一〇月七日付、および同年一二月一〇日付、本年四月七日付で、八甲田山雪中行軍遭難資料館のガイドの方が幸畑墓苑には雪中行軍遭難者の遺骨が納められていないと説明したことに関し、市長と観光課長あてに質問状をお送りしたところ、本日（五月一日）、「八甲田山雪中行軍遭難者の遺骨について」という「回答」をいただきました。しかし、私の質問に対する答えが記されておりませんでしたので、本状をもって重ねて質問申し上げ、適切かつ過不足ない回答をくださるようお願いいたします。

具体的には、

・青森市の観光課には、幸畑墓苑には骨が埋まっていないことを証明する資料が、確度の多寡はともかく、あるのでしょうか。ないのでしょうか。

・一二月一〇日付質問状に記した『遭難始末』一八二頁の三項目は「遺骨が納められていな

い」ことを証明する資料ではなくむしろ遺骨が埋葬されていることを示す資料と見るべきではないでしょうか。ご所見を伺います。詳しくご説明ください。

・前状で添付した「埋葬證書」は、遭難資料館に展示されていることもあり、幸畑墓苑に犠牲者の遺骨が埋葬されていると推定するのが自然だと私は考えますが、青森市の観光課でも同様にお考えでしょうか。ご所見を伺います。

・「施設の説明（ガイド）対応について」どのように「配慮」（三月三一日付回答の記載）していくご所存なのか、伺います。具体的にお答えください。

・今まで来館者に「骨はない」と説明してきたことについて、どのように対処するのでしょうか。「骨はない」という説明は正しくなかったということをどのようにして世間・社会に伝え、誤解を解こうと努めるのでしょうか。具体的にお示しください。

最初にこのことを質問してからすでに半年以上が経過しています。誠意と責任のある回答をお願いいたします。

なお、回答の次第によっては、この問題に関する質問とその答えの経緯を含め出版物にして世間に問い、合わせてこの遺骨問題についての説明を読者にする考えもございます。お含み置きください。適切な対応を取られますようお願い申し上げます。

回答は、五月二〇日までによろしくお願いいたします。

こういうものは冷静に対処しなければならない。敬語を使い、ひたすら具体的に質問に答えるよう迫った。答えなければいつまでも質問は続くし、むしろ増えていくのである。事態は根競べの様相を呈してきた。

市長が登場

27に対する回答が届いたのは期限を二日過ぎた五月二二日であった。そして、驚いたことに今度は市長が登場したのである。だが、よく考えると、最初の手紙は一〇月初旬、宛先は「青森市長鹿内博殿」であり、やっとその相手が出てきたのだ。次の28は「青森市長　鹿内博」が出した公文書であり、「青森県青森市長之印」という公印も押されていた。

28　平成二七年五月一日付けで再度のご質問がありました「八甲田雪中行軍遭難者の遺骨」についてお答えします。

これまで、市が幸畑墓苑に遺骨が埋葬されていないことを判断したのは『遭難始末』や陸上自衛隊などの関係者へ聞き取った結果であり、それ以外の資料はございませんでした。

しかしながら、『遭難始末』の記載内容及び、幸畑墓苑に保管している「埋葬証書」、更にはこの度『遭難取調委員　凍死者埋葬方の件』という資料の中に埋葬に関する記載がありますことから、幸畑墓苑には遺骨を埋葬した可能性があるものと考えます。

このことから、八甲田山雪中行軍遭難者の遺骨の有無に関する説明については、「八甲田雪中行軍遭難者の遺骨は『遭難始末』等の資料では、家族や出身地へ送り届けられたものや、幸畑墓苑に埋葬するなどの処置が行われたものがある、と記載されております。」と説明を変更する方針であります。

最後に、これまでの来館者に対する説明については、その来館者を特定できないことから個別に説明することは困難であると考えておりますが、市といたしましては、この度ご指摘のあった遺骨埋葬の件など今後も新たな史実が判明した場合には、その都度説明内容を修正し、遭難事件の史実を後世に継承していくよう努めてまいります。

この度は貴重なご意見をいただきまして、ありがとうございました。


青森市長はこれが27に対する適切な回答だと判断しているらしいが、読者はどう思うだろうか。第二段落「これまで、市が幸畑墓苑に遺骨が埋葬されていないことを判断した」と認めたのは評価する。また、『遭難始末』以外の資料がなかったことを認めたのも、やっとの感がある。しかし、自己正当化の根拠に『遭難始末』を持ち出しているのはいただけない。これは17で観光課長が示した『遭難始末』の解釈を追認したことになるからだ。これについては、27で一二月一〇日付質問状に記した『遭難始末』一八二頁の三項目は「遺骨が納められていない」ことを証明する資料ではなくむしろ遺骨が埋葬されていることを示す資料と見るべきではないでしょうか。

のように尋ねているが、28で答えていないのだ。青森市長は不都合なことには答えずごまかしている。いわば御都合主義であり、不誠実だ。さらには「陸上自衛隊などの関係者へ聞き取った結果」を持ち出しているのも他人の言説を自らの行動の根拠にしているのだから主体性がなく無責任である。

また、第三段落で『遭難取調委員　凍死者埋葬方の件』という資料のことを述べているが、これが同封されていなかったのである。何かあるらしいが、何もわからないのだ。また、「幸畑墓苑には遺骨を埋葬した可能性があるものと考えます」とあるものの、可能性はゼロでなければあるのだ。そもそも資料館の職員が「ありません」と全否定したことが発端なのに、自らの不始末は言及せずこうして言い訳をする神経はなかなかのものである。

第四段落「説明を変更する方針」というからには、今までの説明は不適切と認めたことになるが、「正しくなかった」とは言っていない。「非を認めない姿勢」が相手をいらだたせるのだ。

第五段落「個別に説明することは困難であると考えております」においては、「個別に」が限定用法の典型例である。「個別以外」についての説明を放棄しているからだ。また、「今後」については述べているが、「これまで」のことについては記していない。これも限定用法である。

最終段落に「貴重なご意見をいただきまして」とあるが、27では「重ねて質問申し上げ、適切かつ過不足ない回答をくださるようお願いいたします」のように質問をして回答を求めているのであり、「意見」を述べているのではない。相手の主旨をきちんと理解できていないのに、「ありがとうございました」と感謝しているのだから何をかいわんやである。

28に対しては、五月二四日付で出した。

29　平成二七年五月一日付で青森市経済部観光課長百田満様あてで幸畑墓苑に雪中行軍遭難者の遺骨が埋葬されていないとした資料館のガイドの説明について問い合わせをしたところ、思いがけず、市長様からの回答をいただきました。それによりますと、「幸畑墓苑に遺骨が埋葬されていないこと」につき「資料はございませんした」とのことで、この問題につき一定の進展があったことを率直に評価させていただいたところです。

しかし、青森市経済部観光課長が平成二六年一二月二日付で示した『遭難始末』の記述は、「幸畑墓苑には犠牲者の遺骨が埋葬されていない」ことを示すのではなく「納骨されていない墓もある」ということではないでしょうか。確認したいと存じます。ご見解をお聞かせください。さらには、五月二〇日付の回答文で、「陸上自衛隊」から聞き取った結果を「埋葬されていない」という判断の根拠とされておりますが、私が陸上自衛隊青森駐屯地に平成二六年九月五日付でこの遺骨埋葬問題について問い合わせたところ、その回答には「八甲田山雪中行軍遭難資料館の職員が説明された内容です」とありました。つまりは陸上自衛隊の防衛館も「幸畑墓苑に骨は埋葬されていない」と来館者に説明していたのですが、その根拠は幸畑の資料館の職員の説明だった訳です。青森市が自衛隊に問い合わせても無意味であろうと存じます。

また、回答に「これまでの来館者に対する説明については、その来館者を特定できないことから個別に説明することは困難であると考えております」とありました。来館者の特定が困難なのは確かであろうと思いますが、だからといって今まで不適切な説明を受けた多くの人々に対して何もしないのは問題ではないでしょうか。説明内容を変更するのはこれから説明を受ける人々に対してでしかありません。「来館者を特定し、…個別に説明するのは困難」であれ、ネットや印刷物、掲示物など、何らかの方法で社会に発信することは不可能ではないと思います。犠牲者の遺族へ説明の書簡を送ることも、その気になればできるはずです。青森市が以後このことについてどう取り組んでいくのか、私は深い関心を持って注目して参ります。死者への冒瀆ともなりかねない問題であろうと思います。青森市が具体的に行動を起こされるときはご面倒でもお知らせ願えないでしょうか。また、このことについて必要があれば、私も適切に行動して参ります。

なお、回答文の二枚目に〈別紙〉として、「資料『遭難取調委員　凍死者埋葬方の件』と記されておりました。おそらく同封資料についての説明文であろうと思いますが、当該資料は封筒内に入っておりませんでした。何らかの手違いがあり入れ忘れたものと思われます。私としましては、この資料に関心があり、読みたいと思いますので、お手数ではありますが、お送りください。

これでいいのか、青森市

回答は五月二八日付であった。青森市長が出した公文書である。

30　平成二七年五月二四日付で再度のご質問がありました「八甲田雪中行軍遭難者の遺骨」についてお答えします。

今回ご指摘がありました市の見解は、幸畑墓苑の遺骨ついては「納骨されていない墓もある」ということでございます。

また、説明内容の変更につきましては、川口様のご提案も踏まえながら、周知について検討してまいります。

最後に今回説明いたしました新たな資料を同封いたしますので、ご確認ください。

これで全文である。これが29に対する回答として適切だと青森市長は認識しているのだ。教育が悪いと思う。民間の会社がこれをやったら間違いなくつぶれるだろう。

内容を確認するが、「納骨されていない墓もある」は質問者の主張29である。青森市の言い分は間違っているのではないかと指摘しているのに、そのことには答えず、相手の勝ち馬に勝手に便乗して自己正当化を図っているのだからあきれる。実に厚かましいが、次に「質問者の主張29」の当該箇所を再掲する。

29　青森市経済部観光課長が平成二六年一二月二日付で示した『遭難始末』の記述は「幸畑墓苑には犠牲者の遺骨が埋葬されていない」ことを示すのではなく「納骨されていない墓もある」ということではないでしょうか。

徹底して非は認めず、30「変更」という言葉でスリカエようとしている。今まで青森市が述べてきたことについては全く知らんぷりである。これが青森市の「責任」なのだろうか。

ここで、この問題について振り返ってみる。

一二月一〇日付において質問者はこう記した。

21　お示しの資料（註・『遭難始末』一八二頁の三項目）は「遺骨が納められていない」ことを証明する資料ではなく、むしろ、遺骨が埋葬されていることを示す資料と見るべきではないでしょうか。

30「納骨されていない墓もある」は、21「遺骨が埋葬されていること」が前提である。つまり、質問者が言っている通りのことを認めた訳で、であれば、発端である解説員の「骨はありません」という説明から28の青森市長の回答に至る一連の見解が誤っていたことが明らかになった訳だ。30「説明内容の変更」ともあるが、この「変更」は以前にもあった。

次の26は四月三〇日付、百田観光課長の回答。28は五月二〇日付、鹿内青森市長の回答である。

26　今後、八甲田山雪中行軍遭難者の遺骨の有無に関する説明にあたっては、「八甲田雪中行軍遭難者の遺骨は、家族や出身地へ渡ったもの、一部ではあるがここ幸畑墓苑に埋葬されている可能性もあります。」とする方針です。

28　八甲田山雪中行軍遭難者の遺骨の有無に関する説明については、「八甲田雪中行軍遭難者の遺骨は『遭難始末』等の資料では、家族や出身地へ送り届けられたものや、幸畑墓苑に埋葬するなどの処置が行われたものがある、と記載されております。」と説明内容を変更する方針であります。

28はさして変わっていないような気もするが、市長が公文書で「説明内容を変更する方針であります」と記したからには、変更なのだろう。

それにしても、30「ご提案も踏まえながら」の「踏まえる」も気になる。敬語を使って慇懃を装っていながら相手を「踏まえる」のだ。無神経にもほどがある。

「検討」で済むのか

30「新たな資料」は、28「遭難取調委員　凍死者埋葬方の件」のことだが、以下、これについて示す。「アジア歴史資料センター」のサイトを閲覧して得たという電報二件である。

31
件名　遭難凍死者第八師団長へ埋葬方通知ノ件
明治三十五年二月三日　総務長官ヨリ第八師団長へ電報案
歩兵第五聯隊凍死者ハ陸軍ニ於テ特ニ遭難地ニ埋葬シ祭典ヲ行フ計画ナリ。其旨遺族へ諭達サレタシ。尤モ遺族ノ希望ニ依リ死体引取方願出ルモノハ許可シテハ差支□□

32
件名　凍死者仮埋葬ノ件
二月三日　庶務課長ヨリ第八師団参謀長江電報案
遭難凍死者ハ発見ニ従ヒ衛戍地ニ仮埋葬シ他日ノ改葬ヲ顧慮シ堅固ナル棺ヲ作リ裏面テールヲ塗リ十分ニ石灰ヲ容シテ死体ヲ収ムベシ。但シ遺族ノ望ミニ依リ引取リ自家ノ墓地に埋葬セントスル者ハ其望ニ応ジ差支ナシ

この二件が28に記された新たな資料とかで、これにより、28「幸畑墓苑には遺骨を埋葬した可能性があるものと考えます」ということだそうだ。最初の「骨はありません」から一変し、自ら「遺骨を埋葬した可能性があるものと考え」ているのだ。この間、取り消し、訂正、謝罪いっさいなし。あったのは数度の「変更」である。「非」に関わることは何一つ認めないのである。

さて電報についてだが、31は「遭難地に埋葬して祭典を行う計画がある」ことを述べ、32は「改葬に備えて仮埋葬するよう」通達している。どちらも家族が希望すれば郷里の墓所に埋葬して構わないとも述べている。この二通の電報により、28「幸畑墓地には遺骨を埋葬した可能性があるものと考えます」ということだが、前述のように可能性はゼロでなければあるのだ。さして重要とも思えず、むしろ32は「堅固ナル棺ヲ作リ裏面テールヲ塗リ十分ニ石灰ヲ容シテ死体ヲ収ムベシ」に注目すべきだろう。遺骨ではなく「死体」だということだ。当時は土葬もあったと推定される。

市長の非常にあっさりした30に対し、五月三一日付で次のような質問状を出した。

33　平成二七年五月二四日付の私の文書に対しまして、青市観第三五号の回答文書を五月二九日に収受いたしました。ありがとうございます。

しかし、この回答文には疑問があります。

といいますのも、五月二〇日付の青市観第三一号では市長は「幸畑墓苑には遺骨を埋葬した可能性があるものと考えます」という回答でした。これに対し、青市観第三五号（註＝30）

では「納骨されていない墓もある」という内容で、同じではありません。ちなみに後者は五月二四日の質問状（註＝29）にある私の見解通りですが、結局、ダブルスタンダードになっておりますどちらかを取り消さなければ筋が通りません。そこで質問ですが、正しくないのはどちらでしょうか。

「説明内容の変更」の「周知について検討してまいります」とありますが、正しくないことが明らかになった現在、「検討してまいります」だけではあまりにも責任意識が希薄で失望を禁じえません。遺骨が埋葬されてあるのに墓苑の解説員が「遺骨はありません」と来館者に明言し続けてきたのは事実であり、あるのにないというのは「ないがしろにされた」ということにほかなりません。「ないがしろ」という表現は辞書でご確認いただきたいのですが、「無いと同然の扱い」という意味です。これでは英霊とその遺族は冒涜されたと受け取るでしょう。これでいいのですか。なんらかの方法で関係者に訂正、おわびをすると約束をしてください。また、約束しないのならしないと言明ねがいます。あいまいな回答は失礼にあたると存じます。「検討してまいります」という回答で済むと考えるのなら、それは遺族の反感を買うものと思います。

青市観第三五号（註＝30）に資料が添えられていました。そのことについて質問させていただきます。「埋葬方通知ノ件」と「仮埋葬ノ件」（ともに略記）ですが、前者においては「遭難地ニ埋葬」したのが大部分なのかどうかはわからないのではありませんか。「遺族ノ希望ニ依リ死体引取方願出ルモノ」の割合は測りかねると思います。もしかしたら「死体引取方願出ルモノ」の方が多い可能性も否定できません。どうして「納骨されていない墓もある」といえるのかその根拠をお知らせください。また、後者は「仮埋葬」を指示したもので、本埋葬のことを言っているのではありません。よって、幸畑墓苑に今も遺骨が埋葬されているかどうかを判断する資料としてはふさわしくないものではありませんか。ご見解をうかがいます。以上、回答は六月一三日までお願いいたします。

「正しくないのはどちらでしょうか」は無理にも非を認めさせるためであった。「検討」はよく出てくるお役所用語で、実際は「何もしない」ことを意味することがほとんどである。やるようなポーズであり、言い分にすぎない。また、「ないがしろ」は英霊と遺族を引き合いに出した「善」の行使である。善は悪いはずがなく、その意味で、まさしく全能である。

市長はわかっていない

33に「六月一三日まで」と記したのは、前例のように三カ月以上も待たされてはかなわないからだ。この配慮は25と同じである。

しかし、実際は六月二六日付の公文書が三〇日に届いたのである。またしても期日は守られなかった。その青森市長の「青市観第四七号」の公文書を次に掲げる。傍線は引用者。

34 平成二七年五月三一日付けで再度のご質問がありました「八甲田雪中行軍遭難者の遺骨」についてお答えします。

市といたしましては、平成二七年五月二〇日で回答しました八甲田雪中行軍遭難者の説明である「八甲田雪中行軍遭難者の遺骨は家族や出身地へ送り届けられたものや、幸畑陸軍墓地に埋葬するなどの処置が行われたものがある。」と、前回五月二八日に市の見解として回答した「納骨されていない墓もある」は同じ内容であり、現段階では遺骨の有無に関して結論を出すことはできないと考えております。

また、説明内容を変更することにつきましては、これまで来館された方への説明の訂正をする予定はございませんが、これから八甲田山雪中行軍資料館を訪れる方に、その時点でわかっている内容を説明し、対応していきたいと考えております。

遺骨に関する市の考えは、これまでは『遭難始末』に基づき、遺骨の取り扱いについては、①遺族へ渡ったもの、②出身地へ輸送したもの、③陸軍墓地へ埋葬したものの三通りあると考え、その行為が明治三五年五月までに行われたことからも、明治三六年に整備した「陸軍墓地」への納骨は困難であったと考えておりました。

しかし、今回の資料『遭難凍死者第八師団長へ埋葬方通知ノ件』は明治三五年二月三日に提出しており、「歩兵第五連隊凍死者ハ陸軍ニ於テ特ニ遭難地ニ埋葬シ祭典ヲ行フ計画」、「遺族ノ希望ニ依リ死体引取方願出ルモノハ許可シテハ差支」の部分及び、『凍死者仮埋葬ノ件』の「遭難凍死者ハ発見ニ従ヒ衛戍地ニ仮埋葬シ他日ノ改葬ヲ顧慮」、「遺族ノ望ミニ依リ引取リ自家ノ墓地ニ埋葬セントスル者ハ其望ニ応シ差支ナシ」の部分から、その内容が『遭難始末』での遺体処置の内容と考え、仮埋葬ということから、明治三六年の陸軍墓地整備後に挙行した「埋骨式」で、陸軍墓地（幸畑墓苑）へ改葬した可能性が高くなったと推測いたしました。

最後になりますが、八甲田山雪中行軍の遺骨に関しましては、今後新たな史実が判明した場合など説明内容に変更が無い限りは、これまでと同様の対応をさせていただきます。この度は回答が遅れまして申し訳ございません。

この回答には問題がいくつもある。

まずは「同じ内容」かどうか。

続いて「遺骨に関する市の考え」がおかしい。内容を整理すると、「陸軍墓地への埋葬が明治三五年五月までに行われた」といえるのか、ということだ。「明治三五年五月」というのは、全遺体がそのときまでに発見されたということだろう。ここに事実認識の誤りがある。

続く段落をこれも整理して考えると、「明治三六年に幸畑墓苑に改葬されたと推測した根拠は、「二電報の記述が『遭難始末』での遺体処置の内容と考えられ、仮埋葬ということから」ということになる。「今回の資料」の前も後も同じ『遭難始末』を引き合いに出しているのだ。では、前後でどこが違うかというと「仮埋葬」のただ一点だけだ。その埋葬に関しても、前者では勝手に「明治三五年五月までに行われた」と決め付けているが、この日限には根拠がない。火葬のあと埋骨式まで遺骨を骨箱か骨壷で保管していた可能性は十分ある。電報の日付「明治三五年二月三日」にも「仮埋葬」にも意味はなかった。34はただややこしく書いているだけで論理になっていないのである。説明になっていないから「胡乱」なのだ。

「今後新たな史実が判明した場合など説明内容に変更が無い限りは、これまでと同様の対応をさせていただきます」とあった。つまりは「次からは回答しません」ということらしい。であれば、ここで引導を渡してやろうと考え、今までよりも分量を多くして書いた。相手は反論しないのだから遠慮なく書けると思ったのである。

さてその文書だが、七月七日付であった。既述の内容と重複するところがあるものの、そのまま次に掲げる。

35

青市観第四七号の文書（註＝34）、六月三〇日に収受いたしました。五月三一日（註＝33）の私の文書には「六月一三日まで」と記したのですが、回答文の日付は「六月二六日」でした。青森市は市長が自ら率先して期限を守らないところだと知り、非常に遺憾に思っているところです。これでは約束もできなければ信用もおけず、相手に期日を守れという資格もありません。「青森市長は回答しなかった」と受け取ることもできますが、「申し訳ございません」とあることから、今回だけは許すことにします。

さて、御状に、

1　平成二七年五月二〇日で回答しました八甲田雪中行軍遭難者の説明である「八甲田雪中行軍遭難者の遺骨は家族や出身地へ送り届けられたものや、幸畑陸軍墓地に埋葬するなどの処置が行われたものがある。」と、前回五月二八日に市の見解として回答した「納骨されていない墓もある」は、同じ内容であり、…

とありますが、同じではありません。後者には「家族や出身地へ送り届けられたもの」があるという情報は入っておりません。また、後者の「納骨されていない墓もある」は、「納骨されている墓が多い」という推定に足る内容が含まれております。さらには、この前者は正しい引用ではありません。正しくは、「八甲田雪中行軍遭難者の遺骨は『遭難始末』等の資料では、家族や出身地へ送り届けられたものや、幸畑墓苑に埋葬するなどの処置が行われたものがある、と記載されております」になるはずです。引用が不正確では論理を構成しえません。無責任でもあります。加えて、この不正確な引用部分は青森市長の見解ではなく、『遭難始末』の記述をそのまま使った説明にほかなりません。附言しますが、私の五月三一日の書状では次のようになっておりました。

2　五月二〇日付の青市観第三一号（註＝28）では市長は「幸畑墓苑には遺骨を埋葬した可能性があるものと考えます」という回答でした。これに対し、青市観第三五号（註＝30）では

「納骨されていない墓もある」という内容で、同じではありません。

つまり、較べる二者を意図的に変えている訳で、これでは正当な回答とは言えません。意見があるなら、相手が述べたそのままの内容について言及すべきでしょう。この点、青森市長の回答は正しくありません。

さらに加えて、1に続き、

3　現段階では遺骨の有無に関して結論を出すことはできないと考えております。

とありました。1の二者が御状にあるように、「同じ内容」であったなら、たとえば「納骨されていない墓もある」という結論を出すことはできるのではないでしょうか。「結論を出すことはできない」としながら、その一方で幸畑墓苑には骨が埋まっていない」という幸畑資料館の説明はどうなるのでしょう。長年にわたって結論を言い続けてきたのです。なお、青市観第三五号には「市の見解は『納骨されていない墓もある』ということでございます」とあります。さらに青市観第三一号には「これまで、市が幸畑墓苑に遺骨が埋葬されていないことを判断した」とあります。青森市の説明は撞着を起こしています。

ここで確認ですが、五月三一日付の私の書面には「ご見解をうかがいます」とあります。なにも「結論」を求めているのではありません。「見解」をお示しください。

ちなみにこの「納骨されていない墓もある」は、青森市経済部観光課長が平成二六年一二月二日付で示した内容に対して、五月二四日付で私が述べた見解です。私が青森市側に対して意見したその言葉をそのまま使っている訳で、そうでなかったからこそ言われたそのフレーズを、批判された側がそのまま使うにはきちんとした説明が求められるのではありませんか。

御状に「説明内容を変更する」とありました。なぜ変更するのですか。かつての説明を継続しないということは、それが正しくないということにほかならないと思います。正しくなかったということでしょうか。はっきりさせて下さい。五月二〇日の青市観第三一号には、「これまで、市が幸畑墓苑に遺骨が埋葬されていないことを判断した」とあります。市長が公文書で回答したことを「変更」するということは軽々に付す訳にはいきません。「これまで」の「市」の「判断」は正しくなかったのでしょうか。正しくなかったなら、何が正しくなかったのか、具体的に説明して下さい。回答を求めます。

それにしても、「これまで来館された方への説明の訂正をする予定はございません」には驚きました。今まで正しくない説明をしてきたことに何の反省もないのでしょうか。「訂正をする予定はございません」という以上、何もしなくて済むという考えなのでしょう。遺族はこれで納得するでしょうか。社会はこうした姿勢を支持するでしょうか。地元自治体が英霊に対してこのような扱いをするということは厳しい批判を受けるのではないかと思います。なぜ訂正しないのか、ご説明ください。

また、青市観第四七号（註＝34）に、

4　遺骨に関する市の考えは、これまでは『遭難始末』に基づき、遺骨の取り扱いについては①遺族へ渡ったもの、②出身地へ輸送したもの、③陸軍墓地へ埋葬したものの三通りあると考え、

とありました。「『遭難始末』に基づき」、「③陸軍墓地へ埋葬したもの」とは、つまり、幸畑資料館が「遺骨は埋葬されていない」と説明してきたことと矛盾します。このことについて説明を求めます。

なお、4の「これまで」についてですが、青市観第三一号には「これまで、市が幸畑墓苑に遺骨が埋葬されていないことを判断した」とあります。双方に「これまで」が使われています。それぞれの「これ」が何を指すのか、お示しください。

続いて、青市観第四七号についてですが、『埋葬方通知の件』にしろ、『仮埋葬ノ件』（いずれも略称）にしろ、この二資料は、青市観第三五号に記された「市の見解」である「納骨されていない墓もある」を裏付ける資料たりえないものではありませんか。私は五月三一日付文書で、二資料の前者について、

5　どうして「納骨されていない墓もある」といえるのかその根拠をお知らせください。

と書きましたが、回答はありませんでした。ふたたび回答を求めます。
また、後者について、

6　「仮埋葬」を指示したもので、本埋葬のことを言っているのではありません。よって、幸畑墓苑に今も遺骨が埋葬されているかどうかを判断する資料としてふさわしくないものではありませんか。ご見解をうかがいます。

と記し、回答を求めました。しかし青市観第四七号にはそれに対する回答がありません。こうした青森市長の回答のしかたには大いに疑問があります。聞かれていることにきちんと答えるのが当たり前ではありませんか。

また、青市観第四七号には、『埋葬方通知ノ件』と『仮埋葬ノ件』（いずれも略称）を掲げ、

7　明治三六年の陸軍墓地整備後に挙行した「埋葬式」で、陸軍墓地（幸畑墓苑）に改葬した可能性が高くなったと推測いたしました。

とあります。

しかし、今回の問い合わせの発端である平成二六年一〇月七日付の私の書状にはこうあります。

8　幸畑墓苑にある雪中行軍遭難者の墓地には、当該関係者の遺骨が埋まっているのでしょうか、いないのでしょうか。また、骨はないとする「青森市の方」の資料について、幸畑資料館の解説員から「ありませんでした」という返事をいただきましたが、その通りなのでしょうか。

これに対し市長は、

7　「可能性が高くなったと推測いたしました」

と書いています。「埋まっているのでしょうか、いないのでしょうか」が問題なのであって、可能性の多寡を問うているのではありません。「ない」と断言したのは正しいのか、という点に尽きます。

となれば、この問題への解答としては、『埋葬證書』がそれこそズバリ、答えになるのではないでしょうか。「骨は無い」とする幸畑の八甲田山雪中行軍遭難資料館の説明が正しくないと証明するのは『埋葬方通知ノ件』や『仮埋葬ノ件』（いずれも略称）ではなく、『埋葬證書』であろうと思います。これについては、『遭難始末』の一八一頁に「埋葬證書ノ調製」とあり、同頁に「中村中尉」の「司掌セシ事務」と記されています。同書によれば「中村中郎」という人らしいですが、この人が「調製」したと推測される『埋葬證書』が幸畑の資料館にあります。まさか青森市の資料館にある『埋葬證書』が偽物だとは思われず、これが「幸畑墓苑には犠牲者の骨はない」とする八甲田山雪中行軍遭難資料館での説明を否定する根拠になると思いますが、いかがでしょうか。ご見解を伺います。

以上のことについて、平成二七年七月二五日までに必着で責任ある解答をお願いいたします。

「最後」なりと

この35には回答はないものと思っていた。34に条件つきながら「これまでと同様の対応をさせていただきます」と記してあったからだ。期限として通告した「七月二五日」も過ぎ、やっとこれで終ったかと思った矢先の七月二八日、青森市からの「青市観第六三号」の回答書が届いたので驚いた。またしても期限に遅れたかと憤慨したが、日付は「七月二四日」となっていた。ただし、切手の消印はそうでなかったのである。詳しくは後述するが、次にその青森市長が出した公文書の本文（全文）を掲げる。

36　平成二七年七月七日にいただいた質問についてですが、説明内容変更に至る経緯、回答文書の表現や説明するフレーズの用い方、更に市が判断した見解など、これまでの回答では川口様が納得できる回答になっていないということでございますが、市といたしましては今後もこれまでと同様の回答となり、長年八甲田雪中行軍の研究をされ、数々の研究成果を出版されている川口様が詳細な部分まで納得することに関しましては、市として所有しております資料、情報等では回答内容に限りがあると考えます。

市としましては、「幸畑墓苑の遺骨」については既にガイドの説明内容を変更しているところでありますので、市からの文書回答は最後にさせていただきますので、何卒ご理解願いたいと存じます。

この市長の回答文、全体が二段落構成だが、それぞれ一つの文で出来ている。特に第一文（つまり第一段落）の長いことには驚いた。これは悪文である。特に「川口様が詳細な部分まで納得することに関しましては、市として所有しております資料、情報等では回答内容に限りがあると考えます」はひどい。「市の所有する資料、情報等で川口様にご納得いただくには限度があると考えます」と書き換えたくなる。大学受験のための小論文講座で添削指導員の経験のある者としてはこう思う。

続いて第二文（つまり第二段落）だが、これもよくない。「ので」が二度使われているのは幼稚な印象を与える。それに、「既にガイドの説明内容を変更している」ことが「市からの文書回答」を「最後にさせていただ」く理由にするのも変だ。論理になっていないため評価にならないのである。ガイドの説明を変えれば、十年以上幸畑墓地に骨はないと説明してきたことの責任が放擲されるというのだから便利がよい。さらには、これからの回答責任も消滅するのだという。

読者はどう思うだろうか。

この、36に対する私の文書を次に掲げる。「平成二七年七月三一日」付であった。

37

青市観第六三号文書、七月二八日に届きました。私の七月七日文書に「平成二七年七月二五日までに必着で責任ある回答をお願いいたします」と記したにも関わらず「必着」ではありませんでした。当該文書の日付が「七月二四日」とありましたが、日付印は「七月二七日」でした。青森市は市長自ら期限を守らないところだと再認識した次第です。

内容も無責任です。「川口様が納得できる回答になっていないということでございます」と御書にありますが、私個人のことではありません。青森市によって「幸畑墓地には遺骨がない」と説明された多くの人たち特に遺族や関係者に対し誠実な説明になっているかどうかが問題なのは言うまでもありません。この点の認識が決定的に欠けています。なお、「私だけが納得していない」かのような書きぶりですが、このことにつきましては、社会に問うてみるのが上策ではないかと考えるに至りました。

結局のところ、幸畑墓地には遺骨がないとガイドが説明した根拠となる資料は青森市の観光課にあったのでしょうか。このことにさえ青森市長はきちんと答えておりません。非常に無責任だと思います。ことは「回答文書の表現や説明するフレーズの用い方」の問題ではありません。ことさらに問題を矮小化させ相手に問題があるかの回答は不誠実です。

「市といたしましては今後もこれまでと同様の回答となり」ともありました。しかし、「これまでの回答」が二転三転し、しかも不適切な回答を指定し取り消すということをしていないため、回答自体がはっきりしておりません。これでは誰も納得できないでしょう。

「川口様が詳細な部分まで納得することに関しまして」ともあります。ここでも私個人のことにすり替えておりますが、市長自身、「説明内容」を「変更」したと認めております。ただ何をどう変更したのか、そして何が最終的なものなのか説明していない以上、納得できるはずがないではありませんか。

「市として所有しております資料、情報等では回答内容に限りがあると考えます」ともありますが、市長は国立公文書館アジア歴史資料センターから「遭難凍死者埋葬方通知ノ件」と「凍死者仮埋葬ノ件」という資料を入手し使っている訳で、すでに市所有以外の資料を使用しており、「市として所有しております資料、情報等では」という記述と齟齬をきたしております。

さらには「『幸畑墓苑の遺骨』については既にガイドの説明内容を変更しているところでありますので、市からの文書回答は最後にさせていただきます」ともあります。「ガイドの説明内容を変更している」ことが「市からの文書回答」を最後にする根拠になるというのも変です。最後にするのは市が適切かつ丁寧な回答をし、相手が納得した時ではありませんか。それに、どのような説明に変更したかがはっきりしません。市長の説明が変わっているからです。

私は七月七日付の文書にこう書きました。

8　幸畑墓苑にある雪中行軍遭難者の墓地に……骨はないというする「青森の方」の資料について、幸畑の資料館の解説員から「ありませんでした」という返事をいただきましたが、その通りなのでしょうか。

つまり「ない」と断言したのは正しいのか、ということですが、正しいか正しくないかを答えれば済むのに、青森市長はこうした回答をしませんでした。非常に遺憾に思います。繰り返しになりますが、私個人が納得するかどうかではありません。英霊が遺族が関係者がそして社会がどう思うかでしょう。青森市幸畑の八甲田山雪中行軍遭難資料館は幸畑墓苑には遺骨がないと断言しました。このことを問われて青森市は数種類の回答をしましたが、「これまでと同様の回答」とはそのうちのどれなのか不明です。

今まで十年以上にわたり「骨はない」という説明を受けてきた来館者は何も知らされなくていいのでしょうか。「ガイドの説明内容を変更」したところで、これは自今のことであり、既往の問題の解決になるはずがありません。間違った説明をしてきたことについて積極的に誤りを認め訂正謝罪する必要があると思いますがいかがでしょうか。しなくていいのでしょうか。こうしたことに頬被りをして口を拭っている青森市の無責任ぶりは必ずや世間の糾弾を受けることになると思います。

昨年八月末日に幸畑の資料館で「骨はない」という説明を受けてからほぼ十一カ月が経ちます。文書回答はこれが最後という回答があったこともあり、この間の問い合わせとそれに対する回答を書きものにし、世に公表して判断を仰ぐのが一番ではないかと考えるに至りました。
末筆ながら、適切に行動する用意がある旨、通告させていただきます。

相手がもう何も言って来ないと表明したのだから、気楽なものである。何をされても、いわゆるサンドバッグ状態を甘受するというのだ。こんな機会はめったにない。

また、「問い合わせとそれに対する回答を書きものにし、世に公表して判断を仰ぐ」と記した以上、そして停止要請がなかった以上、こうして本にしたことが問題になるはずがない。なにしろ相手は公文書なのだ。この点、安心している。

論争というものは行司か陪審員がいなければ成り立たない。今回の件にしろ、読者がいなければ青森市の言い分が通ってしまうことになっただろう。おそらく役所は経験上、こうしたことを知っているからこそ、非を認めず反省もせず、ただはぐらかすことに汲々とし、本章に記したような回答をして恥じるところがないのである。彼らは高を括っている。結局は自分たちの意のままになると踏んでいる。

誰かがいつかこの思い上がった性根を叩きつぶしてしまわなければならない。そう思ったからこそ実行に移したのであった。

ただ、正直にいうと、相手がお役所だけに話がもつれる可能性もある程度予期し、その場合は書きもののタネにできると踏んでいたことも否定しない。

往生際が悪い

今回の問い合わせは平成二六年の一〇月七日に始まった。そして最後の書簡37の日付が平成二七年七月三一日だから、九カ月余りになる。途中、三カ月以上も時間かせぎをされたが、「お役所仕事」の実態というものを紹介できたのではないかと思う。

次にその書簡の往来についてまとめてみた。日付の後の算用数字は資料ナンバーである。

38　第一回質問状　平成二六年一〇月　七日　15
　　　　　　　　　　　　　一二月　二日　17　（無名）観光課長の回答　青市観　第九九号
　　第二回質問状　　　　　一二月一〇日　21
　　　　　　　　　平成二七年　二月　四日　　　渡邊慶隆観光課長の通知　青市観第一一七号＊
　　　　　　　　　　　　　　三月三一日　22　渡邊慶隆観光課長の回答　青市観第一四三号
　　第三回質問状　　　　　　四月　七日　25
　　　　　　　　　　　　　　四月三〇日　26　百田満観光課長の回答　青市観　第二三号
　　第四回質問状　　　　　　五月　一日　27
　　　　　　　　　　　　　　五月二〇日　28　鹿内博市長の回答　青市観　第三一号

第五回質問状　五月二四日　29
　　　　　　　五月二八日　30　鹿内博市長の回答　青市観　第三五号
第六回質問状　五月三一日　33
　　　　　　　六月二六日　34　鹿内博市長の回答　青市観　第四七号
第七回質問状　七月　七日　35
　　　　　　　七月二四日　36　鹿内博市長の回答　青市観　第六三号
第八回質問状　七月三一日　37

＊は「自衛隊に照会中につき、今しばらくお待ち下さい」という通知であり、回答とは認められないものであった。

これだけの時間と手間がかかるとは想像もしていないことであった。この間、青森市は責任逃れとはぐらかしに終始した。率直に非を認めて誠意ある対応を取れば傷は浅かった。実際「骨はない」と言った説明員は率直に認めたため名前は世に出ずに済んだ。しかし、青森市は都合の悪い質問には答えず、次々に説明を変え、それでいて取り消しも訂正もせず「変更」と称して保身を図った。一言でいえば「往生際が悪い」のである。そのため墓穴を深くしてしまい、最後は弁解もままならず、逃げた。事実、以後の回答はない。

こうして経緯を明らかにしたのは、いい加減な説明をしてきたことを認めようとしなかったからだ。青森市長は「これから」のことは言った。しかし「これまで」のことはごまかして、何もせずに済まそうとしたのである。これでは「幸畑墓地に骨はない」という俗説が改められるのはいつになるのか見当もつかない。そこでやむなく行動を起したのであった。

青森市が問題を収拾するチャンスはあった。ふだんから根拠のないことは言わないように注意しておくことはもちろんだが、問題発生後についても、誠意さえあればなんとか危機を乗り越えることはできた。たとえば最初の15。

この問い合わせの要点は次の二点である。

16 ①幸畑墓苑には遭難者の骨が埋まっているか、いないか。

②資料館の解説員は、骨がないとする資料は青森市になかったと言っているが、その通りか。

問われた通りに答えればいいのであって、もし埋骨の有無がわからない場合は「はっきりとはわかりません」とし「墓地であることから遺骨が埋葬されていると考えられます」とし、「ともかくも英霊はいらっしゃるものと考え、ご説明させていただいております」とでもすれば、それ以上は発掘でもしない限り追求のしようがない。②については、当該職員を探して聞いてみればいい。「本人はその通りだと申しておりますが、それを覆すだけの事実は確認できませんでした」とすればよい。これで済んだのである。それなのに、17のような対応を取ってしまった。相手をいらだたせるのは無神経な応接である。22、26、30もひどい。木で鼻をくくったような、人を小馬鹿にしたような回答で、ふだんからこんな書き方をしており役所の回答はこれでいいのだという間違った意識が濃厚に感じられる。そして、問題をさらにこじらせたのは、お役所の「無謬意識」であろう。何としても非を認めたくない。なんとか無難にやりすごそう。そのためには自分の都合を優先し一般人の感情を逆撫でしても構わないという愚かな考えから抜け出せなかった。今回のように、わざわざ本に書いて世に暴露されるということは脅しだと考えたのではないか。本当にそうするとは想定外だったに違いない。強気に出れば、それでおさまると踏んだのだろう。しかし、そうはいかなかった。

こうした著者の姿勢を、読者は理解または支持してくれるだろうか。いや、そう確信したからこそ、本に書いたのである。

カネにもならない努力をして、結局得られたのは「幸畑墓苑に骨はないとする説明は正しくない」というただそれだけのことであったが、同時に、根拠のない俗説をまことしやかに伝えたのが他ならぬ青森市であり、さらには、そういった俗説がなぜ改まらないかを社会に示すことが出来た〝戦果〟もあったと信じている。

附説　幸畑墓地に骨はあるのか

話の流れからわかる通り、ここでは「骨はある」ことを示そうとしているのだが、このことについては本章の6～13で十分だと思っていた。だからこそ講演会で力説したのである。中でも次の再掲8なんて、そのものズバリだろう。

8　電報ニ接シテ出頭シ来リシ遺族ノ請求アルトキハ死体ヲ其儘下付シ、停車場マデハ相当ノ礼ヲ備ヘテ之レヲ送ルモ、若シ請求ナキニ置テハ聯隊ニ於テ出来得ル限リノ礼ヲ備ヘ陸軍墓地ニ埋葬セリ。

「陸軍墓地ニ埋葬セリ」とあるのになぜか信用されないのは、この情報の出所が『第五聯隊遭難始末』という民間が出した小冊子だったからのようだ。不思議なほど「公文書至上主義」といった意識が根強くはびこり、民間の資料はハナも引っかけられないのである。いわゆる「官尊民卑」で、本章の31・32の電報の扱いを見てもそれがわかる。しかし、公文書だから信用できるというのも一種の思い上がりであって、役人がやれば正しいというのも迷信だ。これについては、図らずも青森市の職員がそれを証明してくれた。反面教師としては非凡なものを持っているようなのだ。

当該自治体のお役所仕事に感謝しつつ、以下、主として新聞資料を使用し、標記のテーマ「幸畑墓地に骨はあるのか」について検証していく。

丁重なりや

まずは死体の扱いについて、『遭難始末』の二〇〇頁より。

39　二月三日ニ至リテ其筋ノ内達アリ。曰ク今回ノ死者ニ対シテハ陸軍ニ於テ葬儀ヲ営ミ祭典ヲ施行ス。但シ死体引渡ハ家族ノ望ミに随フベシト。是ニ於テ死体取扱ノ大方針確定セリ。之ト相前後シテ日本鉄道会社ハ死体無賃輸送ノ事ヲ承諾シ、青森市ハ無料ニテ火葬引受ヲ申出デ、是等ニ関スル取扱ハ聯隊ニ於テ行フコトトナリ、家族ハ手ヲ束ネテ傍観スレバ死体ハ郷里ノ停車場ニ到着シ、遺骨ハ所望ノ地ニ於テ其手ニ落ツルニ至リ、マタ大ニ苦慮スベキモノナク、悲哀中、聊《いささ》カ愁眉ヲ開クニ足レリ。又、出青家族ノ為ニ設ケタル官舎内宿泊所ハ大ニ便利ヲ与ヘ、過半数ハ之ニ投ジ、皆其用意ノ周到ナルニ満足セリ。

丁重で用意周到で遺族に対し相当に気を使ったように見えるが、「二月三日ニ至リテ」とあるからには、それ以前は違っていたことになる。「陸軍ニ於テ葬儀ヲ営ミ祭典ヲ施行ス」ることも「死体引渡ハ家族ノ望ミに随フ」こともなかったことがうかがわれる。『遭難始末』は「二月三日」より前の「家族ノ感情」について、「現時ノ情況ニ不満ノ念ヲ懐キ」とか「憂憤ノ余リ時ニ過激ノ言ヲ弄スル者アリシ」などと記している。おそらく、39「其筋ノ内達」とは、31や32ではないかと思われるが、では、その二月三日「以前」の情況について、当時の新聞から拾っていく。

40　死体は発見し次第、直ちに田茂木野に送置することゝし、同所に於て火葬に附したる上にて、夫々《それぞれ》遺族に引き渡す都合なりと。

――二月一日付『東奥日報』

41　聯隊長は予《かね》て死体をば田茂木野に於て火葬に附せんとの意見なりしかど、遺族等の懇願黙止難く火葬を中止したるなりとぞ。

――二月六日付『時事新報』

遺族が火葬の中止を望んだということは、生前の姿のまま自宅へ連れて帰りたいということだろうが、これには問題があった。

42　屍体を運搬するは道途及費用の点に於て到底為し能《あたわ》ざる所なるより火葬に附するの外なしと云へり。

――二月一日付『岩手毎日』号外

二月五日付『奥羽日日』には、死体の輸送に「四十円」かかるとある。

一方、輸送費のかからない土葬というやり方もあった。次は二月四日の『日本』。

43　死体は土葬せらるべし　死体を火葬に附すべしとの議あり。聯隊長に意見を具するものあれど、聯隊長は飽く迄土葬の決心なる由。

諸説あってどれが正しいのかわからないが、ここに至って、39「死体取扱ノ大方針」を定める必要が生じたのであろう。「以前」の聯隊の取り組み方について、岩手県の鶴見参事官は次のように述べている。

44　最初、聯隊では死体は田茂木野で焼いてから勝手に持つて帰れといひ、子弟の生死の知れるまでは聯隊へ止めてくだされと父兄から申し出た時もイヤ聯隊は旅籠屋《はたごや》でないといふやうに総《すべ》ての取扱が甚だ親切でなかつたのです。夫《そ》れから私は聯隊へ交渉して遺族を此処《ここ》（将校集会所をいふ）へ泊らせることにもなり、今では私の申出でを大概聞いて呉れるやうになつたのは誠に喜ばしい次第です。

——二月一〇日付『時事新報』

ここへ来ての、39「死体引渡ハ家族ノ望ミニ随フベシ」だったのである。しかも、これは41「遺族等の懇願」によって勝ち得たもののようだ。42の費用の問題も、39「日本鉄道会社ハ死体無賃輸送ノ事ヲ承諾シ」たことで「親切」に近づいていった。丁重とか用意周到というのは、39「大方針確定」後の措置だったのである。

しかし、この「無賃輸送」にも問題はあった。

45　今回の冷死体は無賃運搬の議、鶴見参事官より交渉したることは既報のごとくなるが、一昨夜交渉纏《まと》まりとの報、参事官より県庁に達したりと。左《さ》れば遺族は死体発掘の報に接しなば随意下附を得、無賃運搬し、頗《すこぶ》る便宜なるべし。然《しか》れども仮りに停車場附近の在籍者ならば格別なれど、現に本県下閉伊郡・江刺・東磐伊の人々の如きは停車場より運搬するに一方ならず困難を感ずるなるべし。

――二月四日付『岩手日報』

駅までは無賃であっても、そこから自宅までが大変だったのである。『遭難始末』一九二頁には、

46　死体ヲ受領シタル後ハ遺族ノ責任トス。

とあり、こうした事情から軍隊に埋葬や祭事を任せる向きもあったと推定される。しかし、見かねて、この負担を申し出る篤志家もいた。次は二月五日付『岩手日報』。

47　当市（註・盛岡市）在籍遭難軍人死体停車場に着したるときは、市内油町葬具屋立花六太郎、十三日町山田甚吉ハ停車場より自宅まで輸送する人夫及其費用一切自弁する由、市役所へ申出

て其旨遺族に通知したりしかば、一同全人等の篤志に感じ入りしとは左もあるべし。

ただし、これは「当市」だけのことであり、45「本県下閉伊郡・江刺・東磐伊の人々の如き」はその恩恵にあずかれなかった。

「同所に埋葬を希望する」

とにかく、軍隊は遺族の慰撫に気を使っている。

48 去る五日、松原聯隊区司令官・宮原少佐より一般に遺族者に対し、左の如き懇示ありたりと。今回の遭難兵中、若し凍死せるものは遭難地に埋葬場を設け埋葬して一大碑を建設し、永く官祭にて祭事を執行せられ、且埋葬場に至る一大道路を開く趣を以て陸軍大臣より達あり。此旨意に依り各遺族者は再考の上、同所に埋葬を希望する事にしたし。而して同所に埋葬する者は遺髪を遺族に送るべく、又死体の下渡を請ひ各自の埋葬地に埋葬する者と雖《いえど》も、其遺髪を遭難埋葬地に埋葬さるゝ筈なり。次に又、死亡者は上は将官より下兵卒に至るまで靖国神社に合祀せらるゝ趣なれば、一同了知せられたし。

——二月八日付『奥羽日日』

幸畑の陸軍墓地には犠牲者の「遺骨」か「遺髪」が埋められたものと推定される。この「遺髪」のことは、他紙や『遭難始末』にも出ており（7、50を参照）、ほぼ間違いないと思われる。また、前同紙七日付には「埋葬料」のことが出ている。

49　埋葬料は棺代を控除せず、下士は金二十円、兵卒は拾五円の割合にて、死体と仝時に検案証、埋葬證明書を添へ交附せられ…

この「検案証」は軍医による死亡診断書のようなものと推測されるが、「埋葬證明書」にはいささか途惑った。埋葬されたことを証明するものだとばかり思っていたが、「死体と仝時に」交付されるのであれば、それは違うのではないか。同様の記述は『遭難始末』一九四頁の「家族応接順序」にもある。

50　死体引渡ノ通知ヲ受クルヤ、掛員付添ヒ死体収容所ニ至リ、死体掛委員ニ受領証ヲ差出シ、埋葬証ト共ニ受領セシム。此際、遺髪ヲ採リテ聯隊ニ遺サシメタリ。

50「埋葬証」とは、49「埋葬證明書」であり、25「埋葬證書」なのだろう。ということは、25の思惑がはずれてしまったようなのだ。つまりは、「埋葬證明書」に関して、

25　場所についての記述はありませんが、「歩兵第五聯隊長津川謙光」が郷里の墓に埋葬されたことを証明するはずがありません。きちんと陸軍墓地に埋葬したことを、及川良平一等卒の遺族に証明したもの、という解釈以外は無理でしょう。

とまで考えていたが、埋葬される前に出す「埋葬證明書」とは何を証明するものなのか。思うに、これは「埋葬してしかるべきものであるという証明書」といったものなのだろう。つまりは、死体遺棄にはあたらないという証明ということと思われる。結局、25の「埋葬證書」により、及川良平の遺骨は幸畑墓地にあるのではなく、逆に郷里の墓所にあると考えられよう。幸畑にあるのはその遺髪と思われる。ただし、分骨の可能性は否定しない。

さらに…

以下、実例（といっても資料だが）をいくつかあげる。

紀州新宮藩の次期藩主ともなりえた水野忠宣（忠宜とも）中尉については、新聞各紙が比較的大きく伝えている。『報知新聞』より二例を次に。

51 水野中尉は華冑《かちゅう》の家に生れたれども決して傲慢なることなく、能く上官の命令を遵奉して忠勤を励みしが、今回の行軍に就ては東京なる父の元に手紙を送りしに、父は当時病床にありしかど、大に其挙を賛して防寒具を送りしにぞ。中尉は之れを纏ひて出発したるに、計らずも今回の惨禍に遭ひしが、中尉は兼て遊猟を好みて時に火打山方面に出掛け地理をも知りたれば、斯る時に働かざれば働くべき時なしとて率先に進みて地理を探る内、寒気のため遂に凍死するに至りしは気の毒の至りにしこそ。偖《さ》て一昨三十一日中尉の死体を発見したれば直に電報を発して埋葬方等を尋ねしに、父なる人は実に健気の覚悟にて、軍隊に従ひて死せしものなれば軍隊の法に依りて埋葬せられたく、当方は敢て故障なしとの復電ありしにぞ。聯隊長も初めは中尉は華族の身なれば、死体は引取り立派なる葬儀を営むならんと思ひしに、左《さ》にあらず、軍隊に埋葬を託せしに、華族の身としては出来がたきことにして家族が覚悟のほど感ずるに余りあるべし。

——二月四日付『報知新聞』

「軍隊に埋葬を託せし」とあるからには、そこに埋葬されたと考える方が理にかなっている。なお、文中、「三十一日中尉の死体を発見」とあるが、幸畑墓地の同人の墓には「明治三十五年一月二十九日死體發見」と刻まれている。

続いて、翌五日の同紙。

52 此度の惨死将校・水野中尉の遭難に付、聯隊より鎌倉の実家へ向け危篤との電報を発したるより、同地より家扶代理・水野勝正氏、当地よりは令弟・片桐貞央子外旧臣数名、二十八日午後六時同地へ出発したるは既報の如くなるが、一昨夕帰京の片桐子の談話によれば、中尉の死体の聯隊へ到着したるは一日夜にて、発見地よりは毛布に包み橇《そり》を以て曳き来りたるが、中尉は褥衣《じょくい》ズボン下各二枚に靴下三枚を着け軍服を着し、実家より送られたる防寒衣を身に纏《まと》ひ、足に藁靴を穿ちたる儘《まま》、棒の如く真直に氷結し居られ、身体各部に赤斑を顕《あら》はし居りたるも、別に皮膚に損傷を受けたる所もなく、眠れる如く絶命し居られたるも、平素事に嗜好深くして此度も携帯し行かれたる携帯写真器は勿論、軍帽・帯剣其他は悉く紛失し、漸く時計一箇を残したるのみなりしが、何分続々死体の発見さるゝ時といひ、殊に難地の事とて棺も充分の品なく、到底寝棺抔《など》は望むべくもあらず。さりとて何分身体棒の如く凍り居る事とて、其儘入棺も出来兼ねて廿四時間焚火に炙《あぶ》りて漸《ようや》く各関節を曲げ得たるくらいなりしも、尚ほ、頭髪・耳辺等の凍り居る為、熱湯にて拭取りて漸く入棺し焼場へ送るまでになして、片桐子は一昨夕帰途に就きたるものの由なるが、実家よる赴かれたる水野氏は火葬に附し終るを待ち、其幾分かを分骨して持帰り法要を営む由。又、中尉の実家は既記の如く実父・忠幹男危篤に瀕し居らるゝ事とて、中尉の死亡に就ては未だ男の耳に入れず、目下其継嗣に就て相談中の由なるが、同家は妾腹の幼弟ある外、長弟直子、次弟貞央子は共に出でて他家を継ぎ居る事とて、旧臣中にては苦心中なりといふ。

——二月五日付『報知新聞』

「其幾分かを分骨して持帰り」だから、「幾分か」以外は当地に埋葬されたと考えられる。

51、52により、水野中尉の遺骨は幸畑墓地に埋まっていると推定される。
このほか、鈴木少尉や村松元伍長、そして小原元伍長についてはすでに10～13で示した。

なお、村松伍長の11には次のような記事が続いていた。

53　同協議会（註・筒井地区社会福祉協議会）も村松さんの遺志を生かし、雪解けを待って幸畑陸軍墓地へ納骨する。納骨式には家族のほか、志津川町の町長さんも参列の予定だ。

納骨予定の記事だが、次も同じ。昭和三七年六月一〇日の『サンケイ新聞』青森版より。

54　遭難当時救出された十一人の共同墓碑が建立され、現存者三人を除く八人の納骨が近く行なわれる。

これは前日に挙行された遭難六十周年の記念式典について伝えた記事の一節だが、その後、記事の通り、納骨が行なわれたのであろう。

では、『東奥日報』はどうかというと、「英霊が眠る」とか「まつられている」などの記述がほとんどである。しかし、遺骨に関する記事もない訳ではない。次は昭和五七年一月二四日の同紙。

55　明治三十五年の八甲田山死の雪中行軍から満八十周年を迎えた二十三日、二百十柱の遺骨が眠る青森市幸畑の陸軍墓地で、ゆかりの人々による慰霊祭がしめやかに行われた。

『東奥日報』が幸畑の陸軍墓地に遺骨がある（眠る）と記したのは、他に見つけられなかった。以上により、幸畑墓地には遺骨か遺髪が納められていると考えるべきだと思う。発掘でもしなければ確定することはできないが、少なくとも「骨はありません」などと資料館の職員が来館者に対して説明できる理由は見つかっていない。青森市は今まで十年以上にわたり根拠のない俗説をまことしやかに伝えてきたことを認め、しかるべく訂正をしなければならない。しかし、青森市長は34「説明の訂正をする予定はございません」などと答えたため、こうして在野の一個人がその役を買って出たのであった。

最後に、この「骨はない」とする俗説の出所について、ある程度判明したので次に示す。

昭和四六年一〇月一六日の『読売新聞』一七面、「私の取材ノート〈4〉」にこうある。

56 当時陸軍は、凍死者遺族の怒りをおさめるためと、国民の非難の眼をそむけるために、多額な費用を出してこの幸畑陸軍墓地を作ったのである。遭難者の遺体は家族に返し、遺品の一部をこの墓に収めたのであるが、家族の中には、最後まで遺品をこの墓地に収めることをこばんだ人があったそうである。

これを書いたのは『八甲田山死の彷徨』の著者・新田次郎その人であった。

第四章　「幻の東奥日報」を推理する

なぜ「幻」か

雪中行軍の事件にまつわる謎の一つに、当時の『東奥日報』が残されていないということがあげられる。本社の保存紙にもないとのことで、『東奥日報百年史』（一一〇頁）はこう書いた。

1　残念なのは三十一連隊の一行には新聞記者という格好の証人が行動をともにしながら、五日目以降の『行軍日誌』を掲載した紙面が欠けていることである。休刊の月曜を除き八日分もの紙面が連続して欠けているのは例がない。大事なカギが重要な意義があって持ち去られたのであろうか。

この「新聞記者」とは同社の東海勇三郎という従軍記者のことで、その『行軍日誌』が欠けていたため、東奥日報は「大事なカギが重要な意義があって持ち去られたのであろうか」というように思わせぶりに当局の介入を示唆している。このため、いろんな思惑が交錯したが、軍にとって都合の悪い記事をなきものにする、あるいは、軍に都合よく書き換えさせるといった〝検閲〟がなかったことは著者既刊『後藤伍長は立っていたか』の第一章で示してある。

では、どこがどう「欠けている」というのか。『東奥日報百年史』（一〇六頁）にはこうある。

2 …残念なことにこのころの東奥日報の保存紙には欠けているものが多く、雪中行軍遭難以後は特に欠号が多い。当時、月曜付は休刊であったが、一月二十三日以降について欠号をみると

一月二十八日（火）　三七三五号

一月三十日（木）～二月七日（金）　三七三七～三七四三号

といった具合である。つまり、肝心のところが欠けているわけだ。

この、保存紙が欠けていることについて、様々なことを言う人がいる。

3 東奥日報は通常通り発行された可能性が高いが、後日当局によって没収された結果、現在に伝えられていないと考えるのが妥当であろう。

——松木明知『雪中行軍山口少佐の最後』二五四頁

4 これ（註＝東海記者による青森到着後の第一報）以降の東奥日報は軍当局によって没収された

『同』二一〇頁

と思われる。

5　政治的圧力は東海記者の従軍記が検閲で没収されたことからもわかる。

――中園裕『市史研究あおもり　七』二二頁

6　何らかの圧力で、この記事（註＝「東海従軍記」）は発禁差し押さえになっている。そして数日後、三十一連隊の壮挙を記した記事も紙面から消えた。同連隊の雪中行軍は、歴史上から抹殺されたのである。

――中園裕『図説・黒石・中津軽の歴史』一七二頁

おそらく3〜6は、当時の『東奥日報』保存紙の題字附近に押されている「検閲」印が影響したものと思われる。ただし、検閲印があるからといって、軍当局の検閲があったということにはならない。これも拙著『後藤伍長は立っていたか』第一章に書いた。なお、「東海記者」は先述のように弘前隊に随行した東奥日報の記者で、その従軍記（の一部）は一月三〇日付の同紙号外に掲載されている。中にはこれを「一月二九日の号外」と紹介する者もいるが、紙面をよく読めば三〇日付の間違いであることがわかる。その誤りの例は、弘前大学の松木明知著『八甲田雪中行軍の研究』はしがきiii、同書一一八頁、『雪中行軍山口少佐の最後』二五六頁などに見える。洞察力がもう少しあれば陥らないで済む誤りであった。

保存紙が「欠けている」ことについては説明した。では、なぜ「幻」と呼ぶのか。その始まりは、おそらく平成一六年（二〇〇四）四月五日付同紙からであろう。「〃幻の東奥日報〃明治35年2月4日付発見」という大見出しがあり、ずいぶんと力の入った記事である。考えてみれば、他紙が記事にするはずもなく、内輪ネタという感じがしないでもないのだが、ともかく記事にはこうある。

7　八甲田雪中行軍遭難を報じる〃幻の東奥日報〃の一部が見つかった。県文化振興課県史編さんグループが、本社にも現存していない一月三十日から二月七日までの本紙の内、二月四日付を弘前市で発見した。（略）同グループ近現代部会担当の中園裕氏は、新聞が幻となっていた理由について「記事によって三一連隊の快挙が知られれば、五連隊の遭難がクローズアップされる。このため、何らかの圧力があったのでは」と分析している。

5、6の「中園裕」は「県文化振興課県史編さんグループ近現代部会担当」だという。記事中には同人の話としてこうもある。

8　軍当局にとって東海記者の従軍記は闇に葬りたい存在だったのでは…

だからこその5、6なのだろう。しかし、7、8では推測であったのが、5、6では事実として扱われているところに違いがある。

この明治三五年二月四日号の発見により、中園のいう5、6が正しくないことが明らかとなった。「没収」とはいえ、全ての新聞の没収などできるはずがないし、一部であれ万一したなら口碑に残らないはずがない。青森県史の担当者がこんなことをやっているのだ。

また、本文によれば「県史編さんグループが、弘前市の古本店で発見した」とのことだが、こうもある。

9 この二月四日付本紙も含め…約十日分が本社にも保管されていないため、〝幻の東奥日報〟とされてきた。

「…されてきた」とはいうものの、これは東奥日報の言い分にすぎない。しかし、ともあれ「幻」のルーツはこのあたりにあると考えられる。

「幻」の解明、続々

この六年後、また「幻」が明らかとなる。

二月五日付が発見されたのであった。「〝幻の東奥日報〟新たに」という見出しでこれを伝えたのは平成二二年（二〇一〇）六月九日の『東奥日報』で、入手したのは群馬県の研究家・中泉武さんとのこと。記事にはこうある。

10 事件を報道した東奥日報は、事件直後の1902年1月30日から2月7日付までが本社に現存せず、前後に発行された紙面が空襲などで焼けた形跡もないことから〝幻〟とされてきた。今回の発見は、2002年に2月4日付が見つかったのに続き、二紙目となる。紙面が現存しない理由について、中園主幹は「軍部が、31連隊と反対に死者を出した第5連隊の失敗が浮き彫りとなって国民から批判が出ることを恐れ、発行を停止させた可能性などが考えられる」と話す。

まだ「発行を停止させた」うんぬんと言っている。

なお、同紙は発見の経緯についてこう記す。

11 福島大尉のおいで作家の高木勉氏（故人）が同事件を題材にした著書で本紙を参考資料として挙げていたことを知っていた中泉さんは、倉永さん（註・福島大尉の孫。長崎県在住）に願い出て原本をコピーし、8日に本社に寄贈した。

この「福島大尉のおいで作家の高木勉氏（故人）が同事件を題材にした著書」とは『われ、八甲田より生還す』で、問題の箇所はその一二一頁であろう。

12　福島隊の成功をたたえる論客がいた。東奥日報記者・斎藤碧山で、二月五日付同紙上で、「是は是、非は非。一時しのぎの姑息な手段で壮挙を隠蔽してはならん」と堂々たる論陣をはった。

続いて二月五日付『東奥日報』から長文を引いている。引用は省略するが、これにより、「幻」の『東奥日報』の存在が推知されるのである。

中泉氏はこれを知り、実際に行動に移して福島大尉の孫からこの「幻の東奥日報」を手に入れたのであった。

このあと、同氏は二月一日号の発見も果たす。この三例目の「幻の東奥日報」は弘前市立図書館に保管されていたものであった。実は本書の著者は二月一日号の第一面の一部のみは同図書館で発見していたのだが、全四面ともあるとは気付いていなかった。同日号の「確認」については、平成二七年一二月三一日の『東奥日報』が詳しく伝えた。

この一日号により新たにわかった事実（記事）としては、「川田青森市助役の談話」があげられる。これについては拙著『雪の八甲田で何が起ったのか』の一二七～一二九頁に『第五聯隊遭難始末』からの引用として採録してあった。この原本は「幻」の二月一日号だったのである。

もう一点、同号の注目される記事として、「立見師団長の談」を次に紹介する。

13　元来、今回の雪中行軍は此遭難隊計りで無く、他に青森と秋田との境なる来満峠へ向ふ下士候補生五、六十名と、八甲田山の山上を跋渉する下士百余名の二隊があつた。（略）右三ツの中、此遭難隊一夜行軍の予定で他の二ツは数日間に亘る行軍である。然るに遭難隊は察する所、途中に於て咫尺《しせき》を弁ぜざる大吹雪に逢ひ、或は一夜行軍に対する糧食の尽きたるに基づいたものかも知れぬ。

これは二日前、つまり一月三〇日の『報知新聞』の記事と同一である。拙著『後藤伍長は立っていたか』増補改訂版の三〇六頁に掲げてあるので参照されたい。東奥日報も他紙の記事をそのまま利用していたことが判明した。

以上により、「幻の東奥日報」のうち、二月一日、四日、五日の計三号が発見されたことになるのだが、注目すべきは、この中に「東海従軍記」が掲載されていたことだ。一日号には行軍初日の「弘前→小国」、四日号には「小国→切明」と「金沢→三本木」、五日号には「青森→弘前」が載っている。であれば、3～6はどうだったのか。「没収」「発禁差し押さえ」「抹殺」は見当違いもはなはだしいことが明らかになった。新発見の「東海従軍記」を見ても、当局から睨《にら》まれるような内容があったとは思えない。どんな弁明が可能なのか、注目したいところである。

幻の解明はこれで終りではない。実は二月七日号も一部ではあるが内容が判明している。新聞は見つかっていないが、記事はわかる。『新編青森縣叢書（十一）』の九八～九九頁に転載されているからだ。

まずは、「捜索雇夫馬橇の応募者甚少し」について。これは同書にある説明であり、紙面にこの通りの見出しで載っていた訳ではないようだが、その本文を次に。

14
当市より捜索人夫昨日は百人のうち唯三十六名出て其の中《うち》、十三名は勤続して山にあるものなりと。日雇は二百名の処、百二十名出でたるのみ。旧年越なるを以て出方面倒なるべしと県郡市当局者は大に困却し居ると。
今回の事変に就て最も多く要せらるゝは人夫と馬橇なるも、人夫も場合（旧正月に迫りて）は場合なれば大に当局者の困却し居ること別項の如くなるが、馬橇も亦欠乏を感じ居るといふ。殊《こと》に馬橇を請負ひ居りたる大倉組より成るものは下請負ひをして一台一円五十銭の賃金を三十銭の頭を刎《はね》て一円二十銭払ひたる為め、橇主の苦情となり、応ずるもの少なく、昨日よりは郡市自身に雇ひ入るゝことゝなれりと。

続いて「東宮武官清水谷實英来らる」の件。

15
東宮武官歩兵大尉伯爵・清水谷實英氏は東宮殿下の御使として実況視察の為め、昨日午後三時五十分の直行列車にて来青、中嶋支店に投宿せらる。
宮本侍従武官には毎日第五聯隊に臨まれ、捜索の状況及患者の成行《なりゆき》等を一々奏上し居るやに承はれり。一昨日も衛戍病院に臨まれ、新に収容せられたる長谷川特務曹長外四名に御菓子料を下賜せられたる由承りぬ。
東宮武官・清水谷伯爵には立見師団長、梅澤副官随ひ、共に実地視察の為め遭難地に向ひ出発せられたる所、天候険悪なるを以て登山丈《だけ》ハ見合せ、武官は田茂木野より帰宿せられしと。

では、なぜこれらが二月七日の東奥日報だとわかるかというと、15の最後に「以上七日東奥日報」と記されてあるためで、14については、項目下に「七日」、末尾に「同上」とあり、前項末に「東奥日報」とあることから、そのように推定できるのである。なお、同紙八日号（これは幻ではなく保存紙）には、橇の業者が不当の利益をあげないよう警察署が注意したという記事が見える。

ここで「幻の解明状況」を表にしてみる。有無は紙面の有無。下欄は「東海従軍記」の掲載について。丸付数字は便宜的につけた従軍記本来の順序。「東海従軍記」は原稿の着社が前後したため、いわば順不同の形で紙面に掲載されたのであった。

16	一月二六日（日）	有	三七三四号	
	二七日（月）	休刊日		
	二八日（火）	無	三七三五号	切明→銀山　③（これは未発見）
	二九日（水）	有	三七三六号	銀山→宇樽部　④
	三〇日（木）	無	三七三七号	

	〃　号外	有		三本木→青森　⑦	
	三一日（金）	休刊日			
二月	一日（土）	有	三七三八号	弘前→小国　①	
	二日（日）	無	三七三九号		
	〃　号外	無			
	三日（月）	休刊日			
	四日（火）	有	三七四〇号	小国→切明　②	金沢→三本木　⑥
	五日（水）	有	三七四一号	青森→弘前　⑧	
	六日（木）	無	三七四二号		
	七日（金）	無	三七四三号		
	八日（土）	有	三七四四号		

この表は拙著『後藤伍長は立っていたか』の三〇頁と一一二頁に掲げたものを一つにまとめたものである。違うのは、同書（初版）では二月一日の紙面の有無を「一部有」としていたが、一日号四面発見につき「有」と変えたことだ。なお、16の「東海従軍記」の③「切明→銀山」は二八日号に、⑤の「宇樽部→金沢」は一月三〇日か二月二日の紙面に載っていたものと思われる。ただ、③はまず間違いない。

借用有理

拙著『後藤伍長は立っていたか』の第四章に於て、「東奥日報はテキストであった」という見出しを掲げ小文を呈したが、正解だったと思う。

当初、この事件の報道に於ては、地元紙『東奥日報』の独壇場であったといって過言ではない。事実、後藤伍長発見の報道は、多くの他紙がそのまま利用している。前著と重複するが、社史に輝くであろうその記事を次に掲げる。明治三五年一月二九日号である。

17　此の時、先きに進める人夫、百間ばかり向ふに人らしきものゝ佇立しあるを認めしが、一、二歩動きたるを見て初めて軍人なるべしと察し、大声を揚げつゝ其場所に進めば、同軍人は直立せしまゝ身働きもせず眼をギロ〳〵せしのみ。此の時、後より続きし軍人も来りて大に激励せしに、初めて本気に復して言語を発するに至り、パンを噛みて口に入れなどせしに之を食することを得しが、其の時、同軍人の語る処によりて初めて全軍の消息を知るを得たり。同軍人は乃ち伍長・後藤房之助氏なり。

「後藤伍長は発見された時、実は歩いていた」とされる件については前同書に詳述したので本書では略すが、17の「一、二歩動きたる」をそのまま利用して伝えた新聞を次に列挙する。記事については同一なので略す。

18　一月三〇日『岩手日報』号外
　　三一日『東京日日』号外
　　〃　『河北新報』四面
　　〃　『萬朝報』二面「少しく動きたる」と表記。
　　〃　『日本』五面
二月　一日『福島新聞』二面
　　〃　『秋田魁新報』二面
　　〃　『奥羽日日』一面
　　〃　『福島民友』三面「少しく動きたる」と表記。

このほか『東奥日報』は、二九日付で「後藤伍長の動きし」と伝え、翌三〇日の号外では「其の辺を彷《さまよ》ひ居り」と記している。この記事を利用した新聞も多々あるが、『後藤伍長…』増補改訂版に記したのでここでは略す。

また、弘前隊の行軍についての報道も、東奥日報では従軍記者を送っていたため、他紙を圧倒している。

次に、一月三〇日付『東奥日報』号外に記された「東海従軍記」を利用（転用）した新聞を掲げる。

19　一月三一日『岩手日報』　号外　ほぼ同一
　　二月　一日『岩手日報』　一面　ほぼ同一　ただし前日号外の再掲。
　　〃　『報知新聞』　三面　ほぼ同一
　　〃　『中央新聞』　二面　略記
　　〃　『東京朝日』　一面　略記　（青森常置通信員郵送）とあり。
　　〃　『日本』　五面　略記
　　二日『東京日日』　四面　略記　（青森短信　一月三十日）とあり。

東奥日報がリードした記事は他にも多数あるが、省略する。しかし、18、19を見れば「テキスト」であったことは了解してもらえると思う。中には謝意を表する新聞さえあった。

20　余は兵士と共に雪中行軍に従軍した東奥日報の記者東海子がよく万難を排して職務を全ふしたのを深く感謝して措かざる所である。（紅顔子）
——二月一日『福島新聞』

地方紙においては青森まで特派員を送る余裕はなかったのではないか。とはいえ、記事を読者に提供しなければならない。こうした状況で記事借用ということが行なわれていたのではないかと推測される。もしかしたら何らかの了解がなされていたか、そうでなくても、不文律としてまたは慣習的に容認されていた可能性がある。20「紅顔」には「赤面」という寓意が含まれているのかもしれない。

一方、全国紙の場合は通信員を配置し、漏れのないよう努めていたとは思われるが、大事件ともなればいかんせん手薄で、中央（本社）より敏腕記者を特派して報道戦に覇を競ったものらしい。では、その面々はといえば、幻だった『東奥日報』二月一日号がうまくまとめている。

21　今回の事件に付き視察の為め特派されたる東京の諸新聞記者は、日本新聞の三浦勝太郎、時事新報の石濱鐵郎・都鳥英喜、東京朝日新聞の村井啓太郎、萬朝報の安藤久三郎、中央新聞の田村三治、読売新聞の山崎寛猛、報知新聞の福良虎雄の八氏にして、昨日は何れも遭難地に向へり。又た、江差日々新聞社長の小林屹郎氏及函館毎日新聞社員等なり。

彼らの奮闘に対し、青森市の有志と新聞社の発起で慰労のための「新聞記者招待会」が二月三日、青森市内の金森楼で開かれている。二月六日の『読売新聞』によれば、開会は午後七時であった。このほか、二月一日の『時事新報』には、「青森市民の特派員招待会」が一月三一日に開かれたとある。都合二度あったようだ。

しかし、彼らにしても地の利をいかした『東奥日報』の取材にはかなわなかったらしい。『時事新報』の石濱は一月二八日午後六時発の列車に乗って青森へ向かった。しかしちょうどこのころ、後藤伍長は衛戍病院に入院したのである。『東京朝日』の村井も石濱と同様、二八日午後六時の列車に乗った（二九日同紙）。『萬朝報』の安藤も同じ（三〇日同紙）。『読売新聞』の山崎と『中央新聞』の田村は二九日の汽車（おそらく午前の便）に乗ったらしい。

こうして続々と遭難地である青森へ特派員は向かったが、すでに『東奥日報』では取材を始めていた。五日の『読売新聞』によれば、東奥日報の記者は「一戸」という姓であったらしい。

一月二九日付『東奥日報』の記事は、前日の二八日に後藤伍長が入院した午後六時より前、おそらくは田茂木野の民家で取材したものらしい。中央紙が束になってもかなうはずがない。

他紙はやむを得ず、『東奥日報』に依存するしかなかった。記事を借用したのも道理である。

ここで注目されるのは、そのタイムラグ（時差）だ。

18と19を見れば、『岩手日報』では翌日、東京の中央紙は二日後に紙面に反映している。いわば、テキストは二日後、中央紙の記事になる。青森―東京間が汽車で二二時間ほどかかったころのことである。

これを逆手に取れば、「幻」が見えてくるのではないか。

「幻」が見えた

東京の特派員が青森からニュースを発信（打電）し始めたのは、新聞を見るかぎり、二九日の夜からである。『中央新聞』を例にあげると、田村特派員が青森から発した第一報は「二十九日午後九時五十八分青森にて田村発電」で、同紙一月三一日号に載っている。『時事新報』はどうかというと、三一日付同紙に「青森一月二十九日午後九時五十九分石濱特派員発」とある。一分差だから二人並んで電報を打ってもらったのかもしれないが、つまりは、二九日の夜一〇時ころ以前は、他紙を情報源にしていたと推定できる。ここに幻が垣間見られないだろうか。

こうした考えで、16の「幻の東奥日報」一月二八日号を探ってみた。二八日号の記事をテキストとしたのであれば、二日後の三〇日号に出ているはずだ。いかにも地元紙に載っていそうな内容、ということで、「東海従軍記」の「切明→銀山」間らしき記事を探したところ、発見した。

一月三〇日付『河北新報』第四面に載っていたのである。これは仙台の新聞だが、二日の時差であった。幻が見えてきた。

22

●弘前雪中行軍隊の消息　厳寒大雪を冒して去二十日出発、深山に踏み入れる歩兵第三十一聯隊の一行は、其の後、日々の大吹雪に非常なる辛酸を嘗め、二十二日は赤倉山の山脈を横断し、此の山、高さ二千米突余。夫より再び密林に入り、渓に下れり。渓は所謂《いわゆる》千仭の深さなるのみならず、壁立直下の嶮なり。一行、悉く臀《しり》を雪に敷き先導者に縄を附し、順次之れに繋りて滑り下り、更らに十和田山に向ふ。沢を超へ豁《たに》を渡り、軈《や》がて十和田山頂に達す。高さ二千五百米突余。凍雲山巓を蔽ふて遠望を遮り、呼吸亦凍らんとす。将に下らんとするや、福嶋大尉、隊を二列にせしめ、徐《おもむ》ろに語りて曰く、余等一行、雪中行軍として深山大沢を経過し、今や此の高山に登れり。意《おも》ふに大日本帝国民中最高地位にあるものならん。豈《あ》に祝言なからんやと、自から音頭を取りて遥かに南方を拝して 天皇陛下の万歳を唱し、更らに西に向ひて歩兵第三十一聯隊の万歳を唱ふ。一行、之れに和し、其の声山岳に響く。既にして進軍す。時に喇叭《ラッパ》凍りて其の用をなさず。福嶋大尉乃ち携ふる所の吹笛を鳴らして進めり。斯《かく》て幾辛酸、廿五日、三本木に達したりと。

これは実際の紙面に載った記事と全く同一ではないだろう。前後に説明を加え、読者への便宜を図っている。二十日に出発したこと、および二五日に三本木に達したことは加筆と見て間違いない。また、「三本木に達したりと」の「と」から、聞き書きであることがわかる。一月三〇日の『河北新報』に載ったということは、弘前隊の青森市内到着は二九日の午前七時だったことから、「廿五日、三本木着」の情報が電報で青森から仙台の本社に伝えられたか、二五日に三本木から伝わったか、はたまた単なる見込み情報だったのかもしれない。見込み記事だったような気がする。

しかし、この22だが、実はほぼ同じ内容が明治三五年二月に発行された小冊子に出ている。

23 ▲廿二日　切明よりは進藤伍長先鋒となれり。此日の行程たる、岩嶽森の嶮を越え赤倉山の断崖を貫き、而して十和田へ下るものなれば、一行の勇気、大に揚がり、殆《ほと》んど甲田八峯を叱咤せんず勢ひなりしかば、其の十和田山頂嶮崖万仭の処に立ち、風雪面を打ちこと弾丸の如きを屁とも思はず、午後二時頃和田《ママ》山頂に達す。高さ一千五百米突余なり。凍雲山頂を蔽ふて遠望を遮り、呼吸亦凍らんとす。将に下らんとするや、福嶋大尉、隊を二列にせしめ、徐ろに語りて曰く、余等一行、雪中行軍として深山大沢を経過し、今や此の高山に登れり。意ふに大日本帝国民中、最高地位にあるものならん。豈に祝言ならんやと。自から音頭を取りて遥かに南方を拝し　天皇陛下の万歳を唱ふ。一行、之れに和し、其の声山岳に響く。既にして進軍す。時に喇叭凍りて用をなさず。福嶋大尉乃ち携ふる所の吹笛を鳴らして進めり。勇壮の状、思へば自から肉躍らしむ。夫より十和田湖を瞰《かん》下しつゝ下れり。其の下るや、雪の上を行くにあらずして雪の中を泳ぐなり。時に、摂氏零下八度。水筒の口は閉塞して渇を医《いや》すべからず。十和田湖に着したるは午後三時半。十和田村に着するや、福嶋大尉は一同に教訓を与へ、然る後、宿舎に着かしむ。此の日、前日と異なり天気少しく悪しく、朝摂氏四度、昼は零下五度を示せり。雪の深きは一丈五尺乃至一丈余なり。

これは『青森聯隊遭難「雪中行軍」』という小冊子の七七頁からの記事で、「歩兵第卅一聯隊雪中行軍」という見出しがつけられている。

22と23の関連は言うまでもない。22は23の前後を略し、適当な説明を加えている。気になるのは、山の高さは誤植と見てともかく、22には「一行、悉く臀を雪に敷き先導者に縄を附し、順次之れに繋りて滑り下り」の一文があることだ。解明が待たれるが、23は『惨風悲雪　雪中行軍隊』という同様の小冊子に併載された「歩兵第三十一聯隊、雪中行軍日記」と同一（誤植程度の違いはある）だということを記さなければならない。このことについては、拙著『後藤伍長は立っていたか』の一二二頁あたりも参照されたい。

さらに注目すべきは、23は全行程（弘前―青森間）の中の一月二二日の分であり、この小冊子には二日後の「宇樽部―戸来」間の行軍についての記述もあるということだ。つまるところ、16の⑤「宇樽部→金沢」間にあたる。「金沢」は戸来村内の「金ケ沢」なのである。それを次に。

24　▲廿四日　此日は村民の嚮導にて戸来《へらい》村に向へり。此日の行程たる有名なる三嶽山の危険を冒かすものなれば、一行何れも注意オサ〳〵怠りなく互に相助けて積雪一丈余の山道を一歩々々と進行せり。然れども、道らしきものとては少しもなきものゆゑ、其の困難たる言語に絶し、殊に風雪は横面より背後より吹きすさび、寒暖計は氷点以下十度より十六度の間を上下せし程なるを以つて、神ならぬ人の身の天の助けなくんば如何でか越えらるべきとて、村民一同杞憂措《お》く能はざりしかど、練熟と勇猛とを兼ね有する一行のことなれば、午後五時、何の異状なく戸来村の手にある上礪《とち》棚と云へる寒村に到着せり。此極日は前日未だ嘗《か》つて見ざるの苦辛をして、急峻胸を衝く三嶽山を直上したるは殆んど冒嶮の極みと云ふべし。尚ほ最とも驚嘆すべきは、廿二、三才の婦人は二人の男と共に軍隊の跡を追ふて此危険を冒したるの一事なり。彼等は実に生命を賭して来りしものにて、非常の急用を帯びしが為めなりと云。噫《ああ》、一婦人にしてよしや軍隊の援助ありしとはいへ、斯る挙を断行せしは豈《あ》に驚くべきの至ならずや。此日は先づ口髯《ひげ》氷り、次いで鼻穴氷りて、殆んど凍死の惨に遭はんとせしと云ふ。礪棚村に至るや、村民は狂喜して迎へ酒、卵、餅等を以つて厚遇を極めたりとは感ずべき村民と云ふべし。夫れより戸来を経て一本松に出で、茲に初めて本道を見たりしが、当時の喜びたる、言語に尽し難かりしとは左もありなん。三本木村に着し、宿泊す。

この24が「幻の東奥日報」の「宇樽部→金沢」間にあたる可能性があるのだが、どうか。というのも、24には大きなミスがあるのだ。弘前隊は、二四日は戸来村の金沢で宿泊したのだが、それが閑却され、三本木で宿泊したように書かれている。以後、日程がずれたまま青森に到着しているのである。このことについては、拙著『後藤伍長…』の一二四頁以降が参考になると思われる。ともあれ、当事者本人が間違うとは考えにくい。

もう一つの行軍日記

さて、前項で「切明→銀山」間と「宇樽部→金沢」間を資料をもとに推理していったが、『青森聯隊遭難「雪中行軍」』と『惨風悲雪　雪中行軍隊』に記された行軍日記が、実は当時の新聞に出ていたことに気付いた。二月一日の『東北新聞』の四面がそれだ。長いがその全文を記す。

25　●歩兵三十一聯隊　雪中行軍日記

歩兵第五聯隊と同時に雪中行軍の途に上りたる第三十一聯隊は幸に万難を犯して無事弘前に帰り来《きた》りたりしが、其行軍日記を見るに、雪中行軍の困難如何に甚しきかを知るに足るべく、随つて第五聯隊の一部が凍死せる事実を想像する一端ともなりなん思ひ、此に其日記の一節を掲ぐ。

▲廿日　発程　歩兵第三十一聯隊の雪中行軍福嶋大尉以下二十九名の一行に、赤倉・十和田・三嶽・八甲田等の俊嶺嶮嶽を縦断横貫して無比の暴風雪を冒かし無類の寒気を凌《しの》ぎ、廿八日青森に安着せるが、同隊の際程当時情況より記すべし。

去る廿日午前五時、聯隊を出発して石川・柏木町・大光寺・高畑・沖舘を経由し、竹舘村役場に於て間食し、唐竹に於て更らに昼食し、同村長の先導にて小国に向け進発せり。路はこれより山道にして、積雪深きところ八尺より八尺五寸、浅きも五尺位にて、登るに従ひ益々深く、甚だしき処は一丈以上にて、寒暖計は零度を指せり。小国に着せしは午後七時頃なりしが、唐竹村長は種々尽力して少しも不便を感ぜざらしめたり。

▲廿一日　午前八時、同村長自身先導となり切明《きりあけ》指して前進せり。一行、初めの予定は切明に行かずして江戸澤に赴く積りなりしが、同村長は切明には温泉場ありて諸事頗る便利なればとの勧めにてかくしたるなりと。小国・切明間の山道たる岩嶽森を越ゆるものゆゑ、路は殆んど

絶無、且つ積雪深ければ随分困難なりしかど、村長の案内は能く一行をして不便を感ぜしめず、且つ途中に於て村民の衣類・食料等運搬するに遭ひしかば、午後一時頃、無事切明に到着せり。此里程、四里なりし。

▲廿二日　切明よりは進藤伍長先鋒となれり。此日の行程たる、岩嶽森の嶮を越え赤倉山の断崖を貫き、而して十和田へ下るものなれば、一行の勇気、大に揚がり、殆んど甲田八峯を叱咤せんず勢ひなりしかば、其の十和田山頂嶮崖万仭の処に立ち、風雪面を打ちとこと弾丸の如きを屁とも思はず、午後二時頃和田《ママ》山頂に達す。高さ一千五百米突余なり。凍雲山頂を蔽ふて遠望を遮り、呼吸亦凍らんとす。将に下らんとするや、福嶋大尉、隊を二列にせしめ、徐ろに語りて曰く、余等一行雪中行軍として深山大沢を経過し、今や此の高山に登れり。意ふに大日本帝国民中、最高地位にあるものならん。豈に祝言ならんやと。自から音頭を取りて遥かに南方を拝し　天皇陛下の万歳を唱ふ。一行、之れに和し、其の声山岳に響く。既にして進軍す。時に喇叭凍りて用をなさず。福嶋大尉乃ち携ふる所の吹笛を鳴らして進めり。勇壮の状、思へば自から肉躍らしむ。夫より十和田湖を瞰下しつゝ下れり。其の下るや、雪の上を行くにあらずして雪の中を泳ぐなり。時に、摂氏零下八度。水筒の口は閉塞して渇を医すべからず。十和田湖に着したるは午後三時半。十和田村に着するや、福嶋大尉は一同に教訓を与へ、然る後、宿舎に着かしむ。此の日、前日と異なり天気少しく悪しく、朝摂氏四度、昼は零下五度を示せり。雪の深きは一丈五尺乃至一丈余。

▲廿三日　午前七時、十和田を出発。宇樽部村に向ふが、途中、最も困難なりしは十和田より

一里位、猿ケ鼻、抱返りと云ふところにして、懸崖将さに倒れなんずる処に樹木攝生倒生したるに、雪は之を掩蔽したるものなれば、一歩誤まれば忽ち十和田湖上に転落するものなりと。然れども一行は猿猴の如く巧みに之れを乗越え（ハツカ）と称するところにて昼食し、宇樽部村に到着せりは午后四時半頃なりしが、上北郡宇樽部村たる近頃の新開地にして、戸数僅かに二十五、六戸のみ。村民全家を挙げて歓待に尽力せしも、如何せん夜具なく、見習士官以下は蓆《むしろ》を着て炉火に暖まりて徹夜せり。

▲廿四日　此日は村民の向導にて戸来村に向へり。此日の行程たる有名なる三嶽山の危嶮を冒かすものなれば、一行何れも注意オサ〳〵怠りなく互に相助けて積雪一丈余の山道を一歩々々と進行せり。然れども、道らしきものとては少しもなきものゆゑ、其の困難たる言語に絶し、殊に風雪は横面より背後より吹きすさび、寒暖計は氷点下十度より十六度の間を上下せし程なるを以つて、神ならぬ人の身の天の助けなくんば如何でか越えらるべきとて、村民一同杞憂措く能はざりしかど、練熟と勇猛とを兼ね有する一行のことなれば、午後五時、何の異常なく戸来村の手にある上礪棚と云へる寒村に到着せり。此極日は前日未だ嘗つて見ざるの苦辛をして、急峻胸を衝く三嶽山を直上したるは殆んど冒嶮の極みと云ふべし。尚ほ最とも驚嘆すべきは、廿二、三才の婦人は二人の男と共に軍隊の跡を追ふて此危険を冒したるの一事なり。彼等は実に生命を賭して来りしものにて、非常の急用を帯びしが為めなりとふ。噫、一婦人にしてよしや軍隊の援助ありしとはいへ、斯る挙を断行せしは豈に驚くべきの至ならずや。此日は先づ口髯氷り、次いで鼻穴氷りて、殆んど凍死の惨に遭はんとせしと云ふ。礪棚村に至るや、村民

は狂喜して迎へ酒、卵、餅等を以つて厚遇を極めたりとは感ずべき村民と云ふべし。夫れより、戸来を経て一本松に出で、茲に初めて本道を見たりしが、当時の喜びたる、言語に尽し難かりしとは左もありなん。三本木村に着し、宿泊す。

▲廿五日　此日、三本木村より直ちに田代温泉に出でん予定にて出発せり。仝日の模様を記るさんに、相坂川の沿岸に添ふて増澤村を指したるが、相坂川沿岸の断崖に懸下せる氷は太さ一抱の長さ殆んど二丈位にして恰《あたか》も滝の如く、此間を潜行せる時や零下二度の気候なりしかど、別条なく大深内村及び法奥澤村を経過し、村長の尽力にて増澤村に到着せり。此日、行程四里半なりしと。一行の大深内村を通ふるや、小学校生徒は之を歓迎して「危険隊万歳」と云ひ、法奥澤村の小学校生徒は「探検隊万歳〳〵」と喚《さけ》べりと。此時一行は思はず落涙せりと云ふ。増澤村に於ては村長・助役・教員悉く接待員となり百方尽力せり。此村は戸数五戸なりしかど、全戸挙げて厚遇を尽せしかば、左程不便を感ぜざりしと。

▲廿六日　此日や増澤村より田代村に向つて進発せる日にして、一行の忘るべからざる困難を感ぜる一大紀念日たるなり。

神ならぬ人の身の、田代附近に於て五聯隊の惨事あるべしとは知らざれど、心何んとなく安からざりしが、村民より案内者七名を頼んで先導となし、午前六時を以つて出発せり。已にして「ヲナカ平」と云ふところに近くや、急嶮…急嶮、仰ぎ見る程にて、雪の厚きこと二丈余。かてゝ加へて風雪激しく、且つ前日来の雪とは全く異なりて恰も綿の如ければ、歩行の困難言ふ計りなく、一丁位歩むに三十分を費やす有様にて、昨年岩本山《ママ》を雪中行軍せる時よりも一層甚しく、吹雪は濃き霧の如く咫尺を弁ぜざれば、五歩位遅るゝや、忽《たちま》ち一行を見失ふのみならず、外套は凍りて羅紗《ラシャ》の性質を失ひ、全然板の如くポキ〳〵と折れたり。時に零下六以上十度の処を往来し、午後六時頃に至るや、凍傷の気味にて無感覚となり、何処を通行せしや一向方角を弁知せず。進退窮まりて、九時頃遂に露営に決せり。其の地は想ふに田代の西北方に当る五丁位の処ならん。時に零下十度なり。今、露営当時の形況を記さんに、先づ一番に困難せしは焚物にして、一同諸方を捜索せしに、一本の枯木を発見したるを以つて、其近傍を掘りて生木等を木根に積み点火して、一行環形になり互に身体を推合つて暖を取り、足凍らんとするや、足踏みして決して眠らしめず徹夜したりと。若し此夜にして睡眠せんか、一行の生命は到底期すべからざる者にて、此の経験は三十一聯隊第二中隊が雲雀野に於て得たるなりと云。

▲廿七日　此日、野内村出身の二等卒・小山内福松氏を先導とし、八甲田山麓を横ぎりて当地に出でんとせしに、積雪実に二丈余。一里進むに四時間を経過する程なるに、吹雪は前日に異ならざれば、屡々《しばしば》斃《たお》れんとするものありしも、福嶋大尉等励声叱咤して気を励まし、サイノ川原と云ふ処に来りしに、二本の銃を雪中に立てるを見たり。怪みて雪を開堀せしに、死体二個を発見せり。之れ五聯隊の兵士なり。一行は何卒して運搬せんとせしも、自身さへ自由ならざる程なれば、止むなく捨てたり。而して此地を越ゆるや、一行のうちドシ〳〵倒れんとする兵出でたるより、福嶋大尉以下将校は後尾に廻はりて声を励まし、僅かに落伍者なきを得たるも、其中、殊に甚だしき二名をば高畑少尉・長尾見習軍医肩にして漸く田茂木野村に達するを得。一昨夜午后八時、無事当地に到着せるなりと。嗚呼《ああ》、九死に一生を得たる一行の勇や練や、真

に軍人の名鑑にして永く後世に伝ふべきもの。乞ふ、一行の芳名を左に列記して世に照介せん。

陸軍歩兵大尉　福嶋　泰藏
〃　中尉　田原三十郎
〃　少尉　高畑慶金治
歩兵　曹長　伊藤幸十郎
〃　伍長　進藤　貞吉
〃　斎藤卯之助
〃　木村　運作
〃　對馬三治郎
〃　野澤　丑松
〃　小山内彌四《ママ》郎
〃　海老名彌勢
〃　山田　藏松
〃　笹　瀧三郎
〃　斎藤　竹吉
〃　泉舘久治郎
〃　松橋　亘
〃　石川　利助

〃 山田　正吉
〃 斎藤　多八
〃 飛嶋　武三
〃 間山　仁助
〃 中山豊治郎
〃 一等卒 澤目　亀三
〃 二等卒 山上　長治
〃 小山内福松
〃 加賀竹治郎
〃 護手 嶋　吉三郎
〃 中山冬次郎
〃 見習医官 長尾　健字
〃 本間　玄蔵
〃 見習士官 福井　重記
〃 細《ママ》倉壮次郎
〃 船山　重雄
〃 渡邉　恒吉
〃 佐藤善兵衛《ママ》

〃　千葉雄之助
〃　宮内　繁
右の外、従軍東奥日報記者　東　海　某

この25により、仙台の二小冊子（『青森聯隊遭難「雪中行軍」』と『惨風悲雪　雪中行軍隊』）は、『東北新聞』を引き写しにしたものらしいことが判明した。『青森聯隊遭難「雪中行軍」』の著者「百足登」は東北新聞の記者であるから無理のない話だが、この25の簡略版といえる記事が、同じく二月一日の、これも仙台を本拠とする『河北新報』にも載っていることがわかった。全文掲載は省略するが、説明すれば、一月二六日と二七日の記事はほぼ同じ。しかし、二五日については、わずかに「此日、三本木村より直ちに田代温泉に出づ」と記すのみである。隊員名簿もない。ただ、「河北簡略版」においては、注目すべき差違が認められる。これを述べると、25では「岩本山」だったのが「岩木山」になっている点。そして、青森到着が25では「一昨夜午后八時」なのに対し、「廿八日の夜午後八時」と記されている点がそれだ。発行日である二月一日の「一昨夜」は一月三〇日にあたり、これは誤りと思われる。また、弘前隊の青森到着は二九日の午前七時頃であるのはまず動かないことから、後者の「廿八日」は誤りだろうが、「廿八日の夜」を「一昨夜」と見なせるのは三〇日である。つまりは、弘前隊に関する「行軍日記」は一月三〇日の新聞に載っていたのではないかと推測されるのである。「二日後掲載の法則」に従い、二月一日の『東北新聞』と『河北新報』に掲載されたということであろう。その、一月三〇日に発行された原典とおぼしき新聞とは、16「幻の東奥日報」三七三七号ではないか、ということになる。

ただし、この説には大きな欠陥がある。というのも、25には単なるミスでは済まされない致命的ともいえる誤りがあるからだ。

もう一つの幻？

まず、25を読んでわかるのは、「…と。」というように、全体が聞き書き調で書かれていることだ。このことは、25の出だしにも表れている。そこには「其行軍日記を見るに、」とあり、別人によって書かれたことが記されている。

しかし何より不審なのは、先述のように、青森到着の日時が違っていることだ。本人が書いたなら間違うはずがない。夜に着いたか朝に着いたかくらい、間違えるとは思えないのである。さらには、増沢から八甲田に入った日付も違っている。これは二四日は戸来に泊まったのに「三本木村に着し、宿泊す」と書いたことで一日ずれてしまったのである。これも当人にとってはまずありえないことだろう。そのほか、弘前隊の東海記者は従軍記に「昨日午前七時、一同青森に入る」と記している。青森到着は二九日なのでそれを「昨日」と言えるのは三〇日だから、三〇日発行の『東奥日報』号外に出たのである。前述のように、これを「二九日の号外」と記す者もいるが、だから間違っているのだ。本章6の解説を参照されたい。

考えてみると、東海従軍記が『東奥日報』に号外として載った同じ三〇日、同じ『東奥日報』の通常号で25が載るというのもおかしい。このことによって、25は「幻の東奥日報」ではないとみなす方が理にかなっていることになろう。拙著『後藤伍長は立っていたか』一二五頁に記した推測は当たっているとはいえない。いったん近付いたように見えた幻は、また遠く離れてしまった。

それでは25は何なのか。

注目すべきは「当地に到着」としていることだ。青森を「当地」と称し、仙台二紙が筆写するほどの影響力を持っていた、となれば、在青森の他紙ではないだろうか。『陸奥日報』や『青森時事新報』のような新聞が考えられる。25の名簿の最後「東海某」にもそれが感じられよう。『東奥日報』ならこうは書くまい。

では、この「在青森の他紙」は何新聞か、と問われれば、答えは『青森時事新報』だと思う。

なぜ、わかるのか。

25の最後に掲げられた弘前隊の隊員名簿でわかるのである。

『青森時事新報』は現存しない新聞で、この事件について本書の著者が把握しているのは、わずかに一月二九日発行の号外でしかない。しかし、この紙面（次頁参照）に掲載された隊員名簿の掲載順が25の名簿順と全く一致しているのだ。誤植程度の差異はあるが、この名簿によって、25の原本は『青森時事新報』と判断できるのである。ちなみに『東奥日報』は二月一日号（幻だったもの）に弘前隊の名簿を載せているが、25とはまるで順序が違っている。福島大尉の甥の高木勉氏の

青森時事新報號外

（明治卅二年三月廿日第三種郵便物認可）

◎三十一聯隊雪中行軍隊無事當地に着す

廿六日三本木を出發して田代温泉に向ひたる全隊卅餘名も一名も凍死者なくして今日午前七時當地到着中島鍵谷へ定泊中なるが全隊多少の凍傷者を生せしも五聯隊屍体捜索隊に助けられ且つ五聯隊の屍体二名を發見したりとは何等の勇猛ぞ何等の幸福ぞ

◎卅一聯隊雪中行軍隊の編成

あらゆる辛酸苦楚を嘗めて一名の凍死なく無事當地に安着せる三十一聯隊雪中行軍隊の編成は左の如し

陸軍歩兵大尉 福島泰藏
同 中尉 田原三十郎
仝 少尉 高畑慶金治
歩兵 曹長 伊藤幸十郎
同 五長 進藤貞吉
同 齋藤卯之助
同 木村運作
同 對馬三治郎
同 野澤丑松
同 小山内彌三郎
同 蛯名彌勢
同 山田藏松
同 笹瀧三郎
同 齋藤竹吉
同 泉舘久治郎
同 松橋亘
同 石川利助
同 山田正吉
同 齋藤多八
同 飛嶋武三
同 關山仁助
同 中山豊治郎
同 一等卒 澤日慈三
同 二等卒 山上長治
同 小山内福松
同 加賀竹治郎
看護手 嶋吉三郎
同 中村多次郎
同 見習醫官長 長尾健字
同 本間玄殿
同 見習士官 麗井重記
同 高倉壯次郎
同 船山貴進
同 渡邊恒吉
同 佐藤善兵工
同 千葉雄之助
同 宮内繁
右の外従軍東奥日報記者 東海氏

明治卅五年一月二十九日發行
發行人 太田左馬吉　編輯人 三橋秀城
印刷人 福岡源太郎
發行所 青森縣陸奥國青森市大字米町ヵ一番戸 青森時事新報社

著『われ、八甲田より生還す』三六頁の「歩兵第三十一聯隊雪中行軍人名表」とも違っている。対して、25および『青森時事新報』号外の名簿では、見習士官が二等卒の後に来るという異例の特徴が共通している。このことから、25が同じ出所であろうと判断できるのである。以下、このことに基づいて話を進めていく。

ここに来て、どうやら、25は「幻の東奥日報」ではない公算が高くなってきたが、では25の原本は何日付の『青森時事新報』か。

先の通り、「二日後掲載の法則」に従って推測すると、25は二月一日号だから、二日前の一月三〇日付となる。この日の『青森時事新報』に載ったものを在仙台の二紙がその紙面に掲載したのではないか。

無論、確定できる訳ではないが、以上のように考えると、「…と」という聞き書き調であることや、「東海某」という書き方。そして、「無事当地に到着」という記述もうなずけるのではないか。ただ、「一昨夜午后八時」という青森到着日時に問題がある。これについては未解明である。

以上のように考えると、『東海従軍記』のほか、もう一系統の『行軍日記』があり、東奥日報のライバル紙（?・）に載ったと考えられるのではないか。今まで知られていなかった「もう一つの幻」が存在していたと考えられる。その行軍記の最後がおそらく「当地」つまり青森到着を記した日記で、一月三〇日付に載ったのであろう。仙台二紙はその完結を見て紙面に載せた、と推測される。

では、22は何だったのか。

25に含まれる22が、これだけ別系統の「幻の東奥日報」だとは考えにくい。

スワ発見かと思ったものの、実は「もう一つの幻」の発見だったと考えるのが妥当と思われる。

しかし、それではなぜ22が一月三〇日付の『河北新報』に出たか。

考えられるのは、別系統の「行軍日記」も「東海従軍記」と同様、当時の紙面に連載されていたらしいということだ。『東奥日報』は記者を派遣して従軍させ、その従軍記を連載しようとした。実際は原稿が社に到着するのが遅れ、掲載順が前後したが、それでも載せた。なぜか。ライバルに負けたくなかったからではないか。想像するに、『青森時事新報』でもこの弘前隊の行軍に以前から関心を持っており、記者の派遣は出来なかったが、一部の隊員と交渉するなどして情報を入手し、その「行軍日記」を随時掲載していたのではなかったか。行程の要所要所で原稿を送るなどして行軍の様子を紙面に掲載し、読者に届けていたのではないか。東奥日報が順不同を承知で従軍記を掲載したのは、遅れを取ったという意識があったからではないか。当初は『青森時事新報』の方がリードしていたのかもしれない。

では、なぜ『河北新報』は22を掲載したか、といえば、青森隊の行方不明が伝わり、雪中行軍に関心が向けられたという背景があったのではないか。後藤伍長の発見は二七日である。翌二八日の『青森時事新報』に載っていた（であろう）「もう一つの行軍日記」の二二日分を、急遽、三〇日に掲載したのではないかと思われる。それまでは特別な意識はなかったが、遭難への関心が高まるに及んで、自紙に取り上げたのではないか。

『間山日記』の真実（一）

弘前隊の行軍日記に関しては、『福島手記』、『東海従軍記』、『間山日記』、そして『泉舘日記』（いずれも略称）が知られる。このうち、当初、幻の『東海従軍記』かと思われた22は多数の矛盾により、どうやら違うらしいということがわかってきた。一月二八日に掲載されたであろう二二日の行軍日記ということで注目されたが、結果、この二条件をクリアする「もう一つの行軍日記」があったと推測される。全くの偶然であろうが、ではその22、誰が書いたのであろうか。

最も可能性が高いのは『間山日記』を書いた間山伍長であろう。同人の日記には「もう一つの行軍日記」と同一の記述があるからだ。一方が他方を引き写しにしたのは間違いない。

次の26では、25を上段に、『間山日記』を下段に記し、その類似を示した。傍線は引用者。

26

廿一日　…一行初めの予定は切明に行かずして江戸澤に赴く積りなりしが、同村長は切明は温泉場ありて諸事頗る便利なればとの勧めにて…

廿三日　…途中、最も困難なりしは十和田より一里位、猿ケ鼻、抱返りと云ふところにし

予定ハ切明ニ行カズシテ江戸澤ニ赴ク積リナリシガ、仝村長、切明ニ温泉場アリテ諸事頗ル便利ナレバトノ勧メニテ…

二十三日　…途中、最モ困難ナルハ十和田一里位ノ猿ケ鼻、抱返リト云フ処ニシテ、懸

て、懸崖将に倒れなんずる処に樹木攝生、倒生したるに、雪は之を掩蔽したるものなれば、一歩誤まれば忽ち十和田湖上に転落するものなりと。然れども一行は猿猴の如く巧みに之れを乗越え…

宇樽部村タル近頃ノ新開地ニシテ、戸数僅カニ二十五、六戸ノミ。村民全家ヲ挙ゲテ歓待ニ尽力セシモ、如何セン、夜具ナク、見習士官以下ハ蓆ヲ着テ炉火ニ暖マリテ徹夜セリ。

廿四日　…此日の行程たる、有名なる三嶽山の危険を冒かすものなれば、一行何れも注意ヲサ〱怠りなく互に相助けて…

神ならぬ人の身の天の助けなくんば如何で越えらるべきとて村民一同杞憂措く能はざりしかど、練熟と勇猛とを兼ね有する一行のことなれば…

廿五日　…相坂川の断崖に懸下せる氷は太さ一抱の長さ殆ど二丈位にして恰も滝の如く…

崖将ニ倒レントスル処ニ樹木横生、倒生スタルニ、雪ハ是ヲ掩蔽スタルモノナレバ、一歩誤レバ十和田湖上ニ転落シルモノナリト。然レドモ、一行ハ猿猴ノ如ク巧ミニ乗越ヘ…

宇樽部村ハ近頃ノ新開地ナルヲ以テ、夜具ナク、我等一仝ハ座板ニ菰一枚ヲ着テ炉火ニ暖マリテ徹夜セリ。

二十四日　…此ノ日ノ行程タルハ三嶽山ノ危険ヲ冒スモノナレバ、一行孰レモオサ〱怠リナク互ニ相助ケテ…

神成ラヌ人ノ身ノ天ノ助ナクンバ如何デカ越ヘラル可キト村民一仝杞憂措ク能ハザリシカド、練熟勇猛等兼ネ有スル一行ノ事ナレバ…

二十六日　…相坂川沿岸ノ断崖ニ駈ケ降レル氷ハ太サ一把長サ殆ンド三丈位ニシテ恰モ滝

廿六日　…増澤村より田代村に向つて進発せる日にして一行の忘るべからざる困難を感ぜる一大紀念日たるなり。

已にして「ヲナカ平」と云ふところに近くや、急嶮…危嶮、仰ぎ見る程にて、雪の厚きこと二丈余。かてゝ加へて風雪激しく、且つ前日来の雪とは全く異なりて恰も綿の如ければ、歩行の困難言ふ計りなく…

吹雪は濃き霧の如く咫尺を弁ぜざれば、五歩位遅るゝや忽ち一行を見失ふのみならず、外套は凍りて羅紗の性質を失ひ全然板の如く、ポキ〳〵と折れたり。

午後六時頃に至るや、凍傷の気味にて無感覚となり、何処を通行せしや一向方角を弁知せず、進退窮まりて九時頃遂に露営に決せり。

其の地は想ふに田代の西北方に当る五丁位の処ならん。

ノ如ク…

二十七日　…増澤ヨリ田代ヲ指シテ発進セル日ニシテ一行ノ忘ル可カラザル困難ヲ感ゼル一大紀念日タルナリ。

之レヨリ「ヲナカ平」ト云フ処ニシテ、急峻急坂仰見ル程ニテ、雪ノ厚キコト五米突以上ニシテ風雪激シク、且ツ前日ノ雪トハ異リテ恰モ綿ノ如クナレバ、歩行ノ困難言フ計リナク…

風雪濃キコト霧ノ如ク、咫尺ヲ弁ゼザレバ、五歩位遅ルレバ忽チ一行ヲ見失フ已ナラズ、外套ハ凍リテ羅紗ノ姓質ヲ失ヘ全然板ノ如クホキ〳〵ト折レ、

午後七時頃ニ至ルヤ、凍傷ノ気味ニテ無感覚トナリ、何処通行セシヤ一向方角ヲ弁知セズ…身体谷マリテ午后九時頃遂ニ露営ニ決セリ。

其ノ地ハ思フニ田代西北方ニ当ル五町位ノ処ナラン。

先づ一番に困難せしは焚物にして、一同諸方を捜索せしに一本の枯木を発見したるを以つて、其近傍を掘りて生木等を木根に積み点火して一行環形になり互に身体を推合つて暖を取り、足凍らんとするや足踏みして決して眠らしめず徹夜したりと。若し此夜にして睡眠せんか、一行の生命は到底期すべからざる者にて…

廿七日　此日、野内村出身の二等卒・小山内福松氏を先導とし、八甲田山麓を横ぎりて当地に出でんとせしに…

此ノ時第一ニ困艱セシハ焚物ニシテ、一同諸方捜索セシニ一本ノ枯木ヲ発見スタルヲ以テ各人喜ビ、其ノ傍ヲ掘リテ生木等ヲ木ノ根ニ積ミ点火シテ一環形ニナリ、互ニ身体推合ツテ暖ヲ取リ、足凍ントスルヤ足踏シテ決シテ睡ラシメズ徹夜スタリト。若シ此ノ夜ニテ睡眠センガ、一行ノ生命ハ到底期ス可カラザルナリ。

二十八日午前八時出発シ、野内村出身ノ二等卒・小山内福枩我ヲ先導ス。八甲田山麓ヲ横切、幸畑ヲ通過シテ青森ニ出デントス。

これにより、一方が他方を利用したのは疑いがないことがわかる。

『間山日記』の真実（二）

それでは、25の『東北新聞』二月一日号が『間山日記』を参考にしたのか。

ここで注目すべきは、25が致命的な誤りを犯していることだ。既述の通り、弘前隊の青森到着は一月二九日であることは間違いないことから、実際に八甲田を越えた間山伍長が間違うとは考えられない。くり返しになるが、25は一月二四日のうちに三本木に到着したと記し、それ以降の日程が一日前にずれてしまっていることも不可解だ。一日の日付のズレは、25が「聞き書き」であることを物語っている。

また、25には「其行軍日記を見るに」とか「此に其日記の一節を掲げぐ」とあるが、これは『青森時事新報』に載った「もう一つの行軍日記」を見たということであろう。『青森時事新報』では弘前隊の隊員から要所要所で「日記」を入手し紙面に反映させていたが、弘前隊が一月二九日に着いたその日に号外を出すとともに、隊員から行軍の様子を聞き取っていたのだろう。それはおそらく三本木から青森までの三日間のことで、『東奥日報』の「東海従軍記」と似た紙面となっていたのではないか。『東北新聞』が二月一日号で「もう一つの行軍日記」を掲載したことから、「二日前に掲載」という法則により、実際は一月三〇日の『青森時事新報』に載っていたと考えられる。これは先にも述べた。ただし、あくまで推測である。

ところで、25の本文には「転載」である証拠が記されている。三点を列挙する。

27 ▲廿六日　神ならぬ人の身の田代附近に於て五聯隊の惨事あるべしとは知らざれど、心何んとなく安からざりしが、村民より七名を頼んで先導となし、午前六時を以つて出発せり。

28　此の経験は三十一聯隊第二中隊が雲雀野に於て得たるなりと云

29　▲廿七日　此日、野内村出身の二等卒・小山内福松氏を先導とし、八甲田山麓を横ぎりて当地に出でんとせしに…

オリジナルに傍線部の記述があるはずがない。28は伝聞情報であることを認めているし、29の「二等卒」に対し、間山伍長が「氏」を着けるはずもない。これは『東北新聞』の加筆であって、25が『間山日記』をそのまま写したものではないことはまず間違いない。

では、25と『間山日記』の相違点は何なのか。日付のズレは既に記した（26参照）が、それ以外では、まず気温や積雪量の詳細、地元民の歓待が挙げられる（引用省略）。このほか、『間山日記』には二二日に山中で兎を撃った話、二七日に嚮導に小屋を捜索させた記載がある。一方、25には二四日に女性が弘前隊に同行したことが記されている。その場面を左に。

30　尚ほ最とも驚嘆すべきは、廿二、三才の婦人は二人の男と共に軍隊の跡を追ふて此危険を冒したるの一事なり。彼等は実に生命を賭して来りしものにて、非常の急用を帯びしが為めなりといふ。噫、一婦人にしてよしや軍隊の援助ありしとはいへ斯かる挙を断行せしは、豈に驚くべきの至ならずや。

小説や映画で女性嚮導が弘前隊を先導する場面が出てくるが、資料的根拠らしきものとしては、現在のところ、この30があるのみである。

さて、25と『間山日記』を比較し、前者が後者をそのまま写して書かれたものではないことを確認した。その上で、両者の決定的な違いについて次に示す。いわゆる二隊の遭遇について。

31 サイノ川原と云ふ処に来りしに、二本の銃を雪中に立てるを見たり。怪みて雪を開堀せしに、死体二箇を発見せり。之れ五聯隊の兵士なり。一行は何卒して運搬せんとせしにも、自身さへ自由ならざる程なれば、止むなく捨てたり。

――二月一日付『東北新聞』

32 サイノ河原ト云フ処ニ来リスニ、不思議ナル哉、三十年式歩兵銃一挺発見セリ。行クコト半里位ニシテ頂上ニ達ス。一町計リ降ルヤ、又タ三十年式歩兵銃一挺発見セリ。尚ホ、降ル事二町計リニシテ、兵士二名凍死セルヲ発見ス。此ノトキ未ダ第五聯隊惨事ヲ知ラザル故ヘ、大イニ一大疑心ヲ起ス。

――『間山日記』

出だしは同一だが、前者では「之れ五聯隊の兵士なり」と身元を認知し、運搬しようとしたが無理だったことを述べている。後者では「未ダ第五聯隊惨事ヲ知ラザル故ヘ、大イニ一大疑心ヲ起ス」として、〃知らなかった〃としている。どちらが本当だったのか。

もう一つ、間山伍長は弘前隊の青森市内到着を「午前六時三十分」としていることが注目されよう。一方、東海記者は「午前七時」としている。この三十分の誤差は問題にしないが、25つまり二月一日付『東北新聞』の「一昨夜午后八時」、あるいは同記事内の「廿八日青森に安着せる」、および、同日付『河北新報』の「廿八日の夜、午後八時」といった記述との食い違いは、今のところ〝誤り〟と解釈するしかないようだ。ちなみに、一月二九日付『青森時事新報』号外には「今日午前七時当地到着」とある。25の原本が『青森時事新報』と見なす最大の弱点がここにある。

『間山日記』の真実（三）

弘前隊は二九日、青森市内に宿泊している。ここで東海記者は「最後の三日」という従軍記の原稿を書き、社に託した。それが翌三〇日付の号外として世に出たのである。「最後」とあるからには東海記者はこれで一行とは別れる気持ちがあったのかもしれない。

同隊は途中、浪岡で一泊し、弘前の屯営には一月三一日二時三〇分ころ到着したらしい。『間山日記』にはこうある。

33　二時三十分、入門ス。聯隊本部前ニ二列トナリ、福島大尉ハ先頭右方ニアリ。其ノトキ聯隊長ハ姿勢正シク真摯ナル言葉ヲ以テ行軍隊ノ能ク艱難ニ打勝ス勇壮ヲ賞スルト共ニ、行軍中ノ注意讃美シテ切ニ慰労ノ辞ヲ述ベラル。行軍隊一同、艱《ママ》感激ノ色、面ニ見ハル。言葉終リテ解隊セリ。解隊后、于聯隊第参号雨覆場ニ慰労宴会ハ開カレヌ。聯隊ノ各将校ハ孰レモ酌取トナリテ行軍隊ヲ饗応セリ。此ノ宴会ノ開カルヽニ当リテ聯隊長ハ慰労ノ為メ盛会開ク筈ナレドモ、聯隊ノ兄弟ナル第五聯隊ノ事変アリ。百事遠慮スタルモノナレバ諸氏之レヲ諒セラレヨト挨拶セリ。此ノ会終リテヨリ、下士一仝は其集会所ニ於テ行軍隊ノ下士一同ヲ饗応セリ。

対して、二月四日付『東奥日報』は、こう記している。

34

去る三十一日、三十一聯隊行軍隊の帰営に際して、聯隊一同歓迎せり。こゝに営内に於ける光景を記せん。右一行の営所に着すや、聯隊の将校は左右に列し、一行軍隊は二列となり、福嶋大尉が其右方の先頭にありて整列せり。兒玉聯隊長には姿勢正しく真摯なる語を以て行軍隊の能く艱難に打勝ちし勇壮を賞すると共に、行軍中の注意を讃美して、切に慰労の辞を述べらる。行軍隊一同、感激の色面に見はる。語終りて解隊せり。解隊の後、聯隊第三号雨覆場にて慰労宴会は開かれぬ。聯隊の各将校は何れも酌取となりて行軍隊を饗応せり。我が社の東海氏もこの宴に会するの栄を得たり。此の宴の開かるゝに当りて、兒玉聯隊長は慰労の為め盛会を開くの筈なれども、聯隊の兄弟なる第五聯隊の事変あり。百事遠慮したるものなれば、諸氏之れを諒せられよと拶挨《ママ》せり。此の会終りてより、下士一同は其集会所に於て行軍隊の下士一同を饗応せりと云ふ。

この類似について、前著『知られざる雪中行軍』二七〇頁以下に、『東奥日報』が『間山日記』を利用したのだろうという主旨のことを書いた。宴会は一月三一日で、新聞に載ったのは四日。となれば、その間に間山伍長が日記を書き、それを東奥日報の記者が見て新聞に出たと考えられなくもない。しかし、34にあるように、この宴には同社の東海記者が出席していたのである。他人の日記をそのまま記事にし、新聞に載せるだろうか。

先入観は排されなければならない。

実際に雪山を歩いた当事者の日記は一次資料であって、新聞に載った記事はそれを利用した二次的なものであると考えられがちだが、ここに予断があるのではないか。

発想を逆にしてみる。

つまり、間山伍長の方が新聞記事を利用して（といっても一部）自らの行軍日記を書いた可能性を指摘したい。同伍長は行軍演習中はむろんメモのようなものを付けていただろうが、人に見せられるほどのものは、やはり帰営後に書かれたのではないか。執筆にあたって、『青森時事新報』と『東奥日報』の記事を利用した可能性は否定できないだろう。というより、むしろ、こう考えた方が合理的な説明がつきそうな気がする。

では、25の原本とおぼしき『青森時事新報』（実はこれとて推測なのだが）の記事はどうやって書かれたのか。

やはり、この弘前隊の行軍のことは紙面に連載されていたのだろう。そして、もう一つの「最後の三日」についての記事が三〇日号に載り、弘前から青森までの行軍日記が揃ったことから、二日後の二月一日付『東北新聞』と、簡略版だが『河北新報』にも出たということではないか。一月三〇日には、在青森の二紙が「最後の三日間」の報道で覇を競ったものと思われる。

八甲田越えの様子は一月二九日に青森市内において取材されたのであろう。その際、何かの手違いが生じ、青森到着が「二十八日の夜、午後八時」と誤って記されたのだろう。しかし、一方では「之れ五聯隊の兵士なり」という〝真実〟を掲載した。間山伍長は「五聯隊惨事知ラザル故大イニ一大疑心ヲ起ス」と記したが、本当だろうか。何らかの指示が上官からあったのではないかという推測は可能だと思う。なにしろ福島大尉は「於田茂木野聞友軍之惨事大驚」という漢詩を残しているからだ。そして自らの手記にも五聯隊との遭遇については何も書き記してはいない。『遭難始末』にも記載は見られないのである。

結局、わかったのは、「幻の東奥日報」ではないかと思われた22は結局そうではなかったらしいということと、今まで知られていなかったもう一系統の行軍日記があり、それが仙台の二紙に転載されていたらしいということだ。そして、その行軍日記の原本はどうやら『青森時事新報』であっただろうということである。ただし、これは推測であって、そうであったかもしれないし、そうでなかったかもしれない。今のところ、それ以上は何ともいえないのである。

ただ、「幻の東奥日報」とおぼしき記事はまだある。

「幻の東奥日報」一月二八日号を推理する

今に残る『東奥日報』一月二九日号には、次のような記述がある。これにより、わずかだが「幻の東奥日報」一月二八日号の内容が透けて見えるのだ。

35　歩兵第五聯隊第二大隊山口大隊長以下二百十名の雪中行軍隊は、去る二十三日、田代村に向て一泊行軍として勇ましく発程せる以来、爾後三日、何の消息なきを以て、万一を気遣ひ同聯隊より救護隊を派遣せること、及び神成大尉外二名は途上にて殆んど凍死せんばかりの惨状に陥りつゝあることは昨日の紙上に報じ…

36　前号にも記せし如く、一昨日、三上少尉の引率せる掩護隊は、幸畑及び田茂木野より募集せる人夫と共に田茂木野を発し田代を指して向ひしに、…

つまり、①救護隊（掩護隊）が派遣されたこと、②神成大尉ほか二名を発見したが凍死寸前の惨状にあったことが二八日号に出ていたのである。これは大きな手がかりといえよう。

先例同様、「幻の東奥日報」から「二日後に掲載」という法則が成り立ちそうなもの、つまりは、一月三〇日付の他紙を探せば「幻」の記事がわかるのではないか。①と②が記され、いかにも地元紙が伝えたような記事を探したところ、新聞『日本』にそれらしき記事があった。二月一日付『福嶋新聞』第一面にも同一の記事があるが、これは『日本』の二日後の掲載だったこともあり、孫引きと思われる。ともかく、その三〇日付『日本』の記事を、長いが次に掲げる。

37

●雪中行軍隊

（廿八日青森発通信）

歩兵第五聯隊第二大隊は二十三日一泊の都合を以て八甲田山麓なる田代温泉に向て雪中行軍を為せしが、予定の事実に帰来せざるより、悲しむべき風評は市中に伝はり寒心せしむるものあり。扨《さ》て此の

▲行軍大隊　の編成は、第二大隊より選抜したる将校以下下士卒、外《ほか》に各大隊の短期下士卅五名を加へて都合二百十名。山口大隊長之が指揮官となり、廿三日午前七時を以て兵営を発せり。

▲行軍目的　は雪中田代を経て三本木に至る間、大行李を運搬しつゝ如何に行軍すべきかを研究するにありて、堅雪の季節を以てせずして今の淡雪の時候を選みたるは、特に其困難の状を試んが為めなり。行軍の決心と準備や知るべきなり。

▲出発の当日　には朝来天候普通なりし為め、行軍には別に困難を感ぜざりしならん。只だ、夕方より吹雪に変じ、翌日は近来未曾有の大吹雪なりしが、翌廿五日に至りて雪は盛に降りしも風なかりし為め、多分廿四日は田代に休養し、廿五日には帰営することならんと待受けしも、

夕方に至りても尚ほ帰営せず。津川聯隊長の如きは殆んど夜の十二時頃まで待受けしとなり。然れども遂に帰らず、此の時、世間早くも、

▲種々の風説　を流布する者あり。軍隊は道に迷ひて遂に凍死せるならんと。是れ予定の日取りに帰営せざるが為めなり。然れども田代道は一方には横内川を控へ、一方には駒込川を擁し、実に単純なる道路なれば、路に迷ふべき筈なきは勿論なり。唯だ、

▲田茂木野　より向ふは積雪殊に甚しく、殆んど丈余なりしと云へば、軍隊は非常の困難を極め、深更若くは遅くも翌暁までに田代に達したるなるべし。軍隊には老練なる山口大隊長自ら其指揮に当り、進退苟《いやしく》もせざるべきは言ふを俟《ま》たず。若し三、四十人位の小部隊ならば又しも、二百余名の大部隊悉《ことごと》く凍死の境遇に立ちながら其の情報さへ聯隊に致すこと能はざるの理なし。

▲故に大隊　は確かに其の目的地たる田代に達し休養し居るや疑ふべからず。津川聯隊長の如きは、断じて生命には顧慮するの必要なく、只だ掩護の目的を達するは刻下の急務なりと云ひ居れり。而して、初め、

▲聯隊の憂慮　せし処は大隊の糧食の欠乏にあり。初め大隊の行軍の途に就くや、普通の携帯行李一日分の外、道明寺糒一日分と餅一日分を携帯せしのみ。而かも雪中行軍は割合に多くの食料を要するが故に、此の滞留中、如何にして経過すべきやにあり。然るに其後確かむる処によれば、大隊の田茂木野村に到達するや、恰《あたか》も元第五聯隊第八中隊付の兵卒たりし某の田代より帰村せるに遭ひしが、同人の言によれば、田代には小山内文治郎夫婦外一名の家族と樵夫《きこり》とを合せて十五、六名のものは現住し、米穀十五、六俵の外、食塩と漬物三樽許《ばか》りありとの事に

て、山口大隊長は此の事を承知の上にて同地に向ひしと云へば、食糧の欠乏は敢て憂ふるに足らざるが如し。

▲是より先き　大隊は二十五日に至るも帰営せざるを以て、津川聯隊長も頗《すこ》ぶる憂慮する処あり。若し二十五日帰営せずんば、廿六日早朝を以て掩護隊を派遣するに決し、各中隊より屈強なるもの下士以下六十名を選び、三上少尉之を指揮し、外に特務曹長を附せり。

▲掩護隊　は廿五日夜の内に準備を整へ、各自の食糧の外に白米五升つゞを担はしめて、一昨早朝出発せしが、途中、桑畑《ママ》・田茂木野等に於て人夫を募集するの準備ありたる為め、午前十一時頃、漸く田茂木野を出発するを得たり。然るに、是より深雪甚しき為め雪を分けつゝ進むものから、僅かに一里の道を行くに殆んど二時半を要する有様なれば、途中に至るや夕暮に近く、且つ人夫等の請により、一先づ途中より引返へし田茂木野村に一泊し、昨朝六時を以て同村を発せり。

▲斯くて　掩護隊の一行は田茂木野村を出づる二里許り、乃ち田代と田茂木野の中央に至るや、行軍大隊の中隊長・神成大尉の外二名の兵士に遭遇したり。而して神成大尉外二名の兵士は非常の辛苦に遭遇せるものと見へ、全身凍へて動く能はず其の場に倒れて僅かに救ひを求むるのみ、其の他は捜索中との情報、昨日午後二時三十分聯隊に達せり。而して其の詳報は報告し来らぬが故に詳知し得ざれ共、右は少数の報告隊が神成大尉の指揮にて田代より帰隊の途中、非常の辛惨に遭ひ此状況に陥りしならんか。依つて昨日午後三時、更らに鹽澤《しおざわ》大尉、一隊を引率して掩護に向ひ、其他聯隊の軍医及び看護手全部を田茂木野に派遣し、行軍隊帰営の如何に拘

はらず、昨日は兎に角、同村に於て充分に休養せしむるの準備をなし、米並にパン其他救護品を携帯し人夫と共に田茂木野に向はしめしが、昨夜中には詳はしき情報に接すべしとのことなりき。

この記事の見出しの後にある（廿八日青森発通信）が効いている。長文だが、現地の通信員が一月二八日の『東奥日報』を見て、おそらくそのまま伝えたのではないかと思われる。というのも、この同日（一月三〇日）付の『河北新報』の四面にも同じ記事があるからだ。重複を承知で次に掲げる。

38 掩護隊の一行は田茂木野村を出づる二里許り、乃ち田代と田茂木野の中央に至るや、行軍大隊の中隊長・神成大尉の外二名の兵士に遭遇したり。而して神成大尉外二名の兵士は非常の辛苦に遭遇せるものと見へ、全身凍へて動く能はず其の場に倒れて僅かに救ひを求むるのみ、其の他は捜索中との情報、再昨日午後二時三十分五聯隊に達せり。而して其の詳報は報告し来らぬが故に詳知し得ざれ共、右は少数の報告隊が神成大尉の指揮にて田代より帰隊の途中、非常の辛惨に遭ひ此状況に陥りしならんか。依つて同日午後三時、更らに鹽澤大尉、一隊を引率して掩護に向ひ、其他聯隊の軍医及び看護手全部を田茂木野に派遣し、行軍隊帰営の如何に拘はらず、昨日は兎に角、同村に於て充分に休養せしむるの準備をなし、米並にパン其他救護品を携帯し人夫と共に田茂木野に向はしめしたり。

ほとんど同じだが、37「昨日」を38「再昨日」にするなど、微妙な差がある。『河北新報』へは、一月二九日に伝わったのかもしれない。ともあれ、共に同日付のため、共通の情報源があったはずで、それが二日前つまり一月二八日付「幻の東奥日報」ではなかったか、ということである。
さらに、次の記事も二八日付「幻」の可能性がある。これも37と同様、三〇日の『日本』から。

39

●凍死惨事と某将校の話

▲故参兵のみならん　行軍兵の全部殆んど行衛不明者にして其数二百十一名といへば、大隊全部の員数に非ざることは勿論なるが、従来の慣例成規として雪中行軍などには新兵を伴はざるものなれば、同大隊の第五、第六、第八中隊の故参兵のみより編成したるものならん。

▲着服を焼て暖を取る　雪中行軍には往々糧食の外、薪炭の燃料をも携帯することあり。今回も定めし携帯したることならんが、或る処への来電には、燃料尽き着服の一部をも焼て暖をとりたるものゝ由にて、糧食・燃料共に尽き、遂に各自血路を求めて散じたるものならん。

▲民家一戸ある而已《のみ》　サテ各自血路を求めて各欲する所に向ひたりとするも、名に負ふ八甲田山の麓、荒漠たる三本木野の原野と接続せる田茂木野の事とて、田代温泉に通ずる道路に僅かに一戸の民家ある而已。積雪丈余、しかも咫尺を弁ぜざる大吹雪の中なれば、迚《と》ても此民家に辿り着くべくもあらざりしならん。

▲目的地の田代　行軍兵の目的地たる田代は温泉場にして、民家数戸あれども、夏時小屋掛け

をなして浴客の宿舎に供するまでにて、青森市より南方、横内・田茂木野を経て約六里の道程なるが、今回の遭難地たる田茂木野より僅に二里弱の地点なり。
▲捜索の困難　右の如く地勢の状況及当時の状態より想察するも、過半は凍死したるものと仮定して可ならんが、サテ其屍体捜索は頗る困難にして、悉皆《しっかい》発見するは到底一朝一夕の業には非ざるべし。

この39と多少の字句の違いはあれ同じと認められる記事が、同日、つまり一月三〇日の『東京日日』に掲載されている。ほとんど同一のため引用は省略する（研究者は確認されたい）が、見出しは39とは違って次のようになっており、前文がついているところも違っている。

40　〇行軍の大惨事と陸軍将校の談話
歩兵第五聯隊雪中行軍大隊の大惨事に関し、一陸軍将校は左の如く語れりと。

この「…と」により、他に典拠があることが判断でき、39と40は一月三〇日の発行。つまりは、一月二八日の「二日後」なのである。
しかも、40と同じ面（つまり一月三〇日の『東京日日』）には次のような記事も載っている。35と36からわかる二八日付「幻」の二条件（①救護隊が派遣されたこと、②神成大尉ほか二名を発見したが凍死寸前の惨状にあったこと）にあてはまるのである。

41

…糧食に差支へて非常の困難に陥るべしと思量し、即ち廿六日早朝を以て一箇の救援隊を派遣すること〻せり。此の救援隊は選抜せる下士以下六十名より編成し、三神少尉に特務曹長一名を附して之れが指揮官たらしめ、其糧食の外に各兵員に白米五升宛を担はしめ、暁天に青森を出発したり。（中略）一先づ田茂木野村に引返して一泊したる上、翌二十七日午前六時を以て再び田茂木野を出発し、百難を犯して行進する約二里、即ち田茂木野と田代の中央に至り、幸ひにして行軍大隊の中隊長・神成大尉外二名の下士に出会せるも、神成大尉以下は此の時、早や既に全身凍却して人事不省の危態に在り。又、如何ともする能はざれば、救援隊は一方に大尉以下の救護に勉むると同時に、一方には其趣き第五聯隊本部に急報して増援隊の派遣を求めたれば、聯隊本部にては、更に鹽澤大尉の指揮下に一箇の救援隊を編制し、軍医・看護手等を附して二十七日午前《ママ》三時に青森を出発し、遭難地に急行せしめたり。

この41が、37・38と近似していることは言うまでもない。そして、これらがいずれも一月三〇日付なのである。

以上により、三紙の中で最も具体的で詳細な37が、一月二八日に発行された「幻の東奥日報」だと推定する。

「幻の東奥日報」一月三〇日号を推理する

後藤伍長が発見されたのは一月二七日の「午前十一時」（『遭難始末』一七三頁）であった。この一報が第五聯隊に伝わったのは午後二時半とされる。しかし、これは楽観情報であったようだ。このことについては拙著『後藤伍長は立っていたか』の第二章で詳述したが、事件当初の情報錯綜については、次の記事が参考になろう。ただし本書七〇頁の⒂と同一である。

42　其筋に達する電報は成るべく確実を期すること勿論なれども、今回の如き急変に際しては拙速を尊ぶの筆法にて、あらゆる目撃したる事実を口頭にて速時に報告せしむるより、往々錯誤を免がれず、去る二十六日の朝、救援隊の先鋒が後藤伍長を発見したる際、神成大尉一行の前進者たることを認め、伝令は直に其趣を逓伝哨に転伝し、遂に第五聯隊本部より先鋒隊の一部を発見した全部無事の見込と立見第八師団長へ電報したることあるなど、意外の相違を来すことあるも、直に訂正し来る等公電に数々訂正あるは全く急速を重ずると共に幾多の逓伝哨を経て転伝し来るためなりと云ふ。

——二月三日付『時事新報』

右「二十六日」というのは「二十七日」の誤りだと思うが、42の「錯誤」に気付いた三神救援隊長が聯隊長の官舎まで激走して「真実」を伝え、ここで大騒ぎとなるのである。時に午後八時ころと伝えられる。であれば、世間がこの大事件について知ったのは翌二八日、新聞報道によってであろう。それが「幻の東奥日報」一月二八日号であったことは容易に推測できる。他紙はこの事件の報道に遅れを取ったことを知り、既に記したが、急遽、特派員を派遣した。

一月三一日の『時事新報』は、府下に第一報が伝えられたことを次のように記している。

43　二十八日…午後に至りて本社青森通信員は驚くべき一大悲報を電報し来れり。本社は事態の甚だ重大なるを見て直に其筋に就て詳報を欲したるも、当時尚ほ公報の達せざるのみか、或筋の如きは本社員の言に拠り初めて之を知り直に問合せの電報を発したる位にて、今回の大惨事に就ては本社通信員の電報こそ府下に達したる最先着のものなりき。

中央から派遣された特派員は早くても二八日午後六時上野発の汽車に乗った。それが青森に着くのは二九日の午後四時ごろで、特派員が伝えた情報がその紙面に載ったのは一月三一日から（本書二三一頁）である。この事件の初期報道においては、地元紙『東奥日報』の独壇場であった。

その『東奥日報』の一月三〇日号が、今に伝わっていないのである。

「二日後、他紙に掲載される」原則からすると、二月一日付があやしい。

はたして、この一日付『河北新報』と『時事新報』に同じ記事があった。共通の典拠が推知され、それがつまるところ、「幻の東奥日報」ではなかったかということになる。

次の上段が二月一日『河北新報』、下段が同日『時事新報』である。

44 ◎遭難点の地形　歩兵第五聯隊雪中行軍隊の遭難地を案ずるに、同営所より幸畑村まで半里許り、同村より田茂木野村まで二里半余、同村より爪先上りに大峠、小峠を経、ボノ沢ボノ平を前方に臨みて進むこと約一里、火打山、俗にいふ白岩に至り、同地より一里許進みて大瀧に達し、桂の森を右方に見て馬立場、鳴澤に至る。茲に至て田代の新湯・元湯の両地を去る約三里、これより突進せば八甲田山の前嶽に掛るべし。此地点は実に海を抜く二百五十メートル、南方に屏風の如き小山を控えると雖も、烈風一度雪を齎《もたら》さんか、団々の小岡陵忽ち所在に横りて、一歩を進む能はざるのみか、昨今の寒気は実に零度以下十五、六度に達することなれば、苟も皮膚を露はさんには忽ち腐蝕して知覚を失ふべし。現に今

遭難地点

第五聯隊士卒遭難地の事は別項特派員の通信にも見えたるが、尚ほ聞く所によれば、同聯隊営所より幸畑村まで半里許り。同村より田茂木野村まで二里半余。同村より爪先上りに大峠・小峠を経てボノ沢ボノ平を南方に臨みつゝ進むこと約一里。燧《ひうち》山俗に白岩に至り、更に一里許り進みて大瀧に達し、桂ノ森を右方に見て馬立場・鳴澤に至れば、田代の新湯元湯の両地を距る約三里にして、更に前進すれば八甲田山の前嶽に差しかゝるべく、更に側面に進めば雲谷峠に出づべし。此地点は海抜二百五十米突にして、南方に屏風の如き小山を控ふれども、烈風一たび雪を送れば団々の小岡陵到る処に横りて一歩をも進み得ずといふ。現に今を去る三十六、七年前、同地の

を去る三十六、七年前に同地のホトケ沢に於て炭焼杣子《そまこ》数名凍死し、又十七年前には今回神成大尉及後藤伍長等を発見せる賽の河原に於て十二人余の杣子凍死を遂げたることある由なり。而して雪中行軍隊が露営地とも認むべきは大滝・鳴沢間のヤスノキ森マグレ沢の近傍にして、当夜の寒気を推測するに、実に零度以下少くとも二十度に達せしならんといふ。是実に往年の山東・遼東両省の寒気を抜くこと約五度。

◎後藤伍長に就て　後藤伍長は何しろ万死に一命を得たることゝて、皮膚全部蛋白色を呈し、指を触るればブツ〳〵と凹部を生ずる程なり。而して経過は余程よろしき故、患部を切断せば一命を継ぐを得べしといふ。今回氏が当時の位置を稽《かんが》ふるに、多分、露営当夜、神成大尉等と共に昏睡の状に陥りたるを同僚は見て以て既に死せりとなし、打捨てゝ何処

佛澤にて炭焼杣子数名凍死し、又十七年前には今回神成大尉等の発見されし俗称賽の河原に於て十二人杣子凍死したることあり。而して今度の行軍隊が露営したる地点と認むべきは前記大滝・鳴沢間のヤスノキ森マグレ沢の近傍にして、当夜の寒気を推測するに、実に零度以下二十度に達せしならんといふ。

後藤伍長の容体

九死に一生を得たる後藤伍長、その後の容体を聞くに、皮膚の全部蛋白色を呈し、指を触れば点々凹部を生ずれども、経過は至極宜しき方にて、甚だしき患部さへ切断せば生命を繋ぎ得べしとなり。

へか発足せる後、漸く眠より覚めて田茂木野方面に進み、俗にいふ賽の河原に至て発見されしならんといふ。

◎第五聯隊の設備　同聯隊にては、二十八日、八師団へ工兵隊の派遣を依頼したるに、廿九日青森に着。午前より応急電話線を架設せり。幸畑村の郵便受取所に中継所を設け、猶ほ田茂木野に延長中。之に依て利便を得ること少からざる由なるが、聯隊よりなほ続々伝逓小屋建設材料を運搬せり。伝逓小屋は幸畑村より馬立場迄十八個所設くる手筈にて、幸畑・田茂木野間の小屋には對馬中尉控えて指揮に任ぜり。又、神成大尉の屍体は三十日午前には担架か橇にて同隊に移す由なり。

電話線の架設

第五聯隊にては、去る二十八日、第八師団へ工兵隊の派遣を依頼したるに、翌日、青森に到着し、応急電話線の架設に着手せり。中継所は幸畑村の郵便受取所を以て之に充て、尚ほ田茂木野に延長中なりと。

同日に発行された二紙に共通の典拠があったこと、および『時事新報』は適当に省略していることがわかる。おそらくこれが「幻の東奥日報」一月三〇日号の記事ではないかと思われる。内容も「幸畑村の郵便受取所に中継所を設け」る記事など、いかにも地方紙らしい感じがする。なお、この日の『河北新報』には、さらに「行軍の目的」「捜索の着手」「露営中の至惨」という項目があり、これも「幻」の一部だった可能性がある。

「幻の東奥日報」二月二日号を推理する

これも同じく二日後つまり二月四日の紙面を探ってみる。すると、印象的なフレーズが目についた。しかも同日付で多くの新聞に載っているのだ。一月三一日に発見された生存者についてだが、次のように記されている。

45　倉石大尉が助かつたのを崖下の雪の中に居る兵卒が聞き、モク〳〵するので掘り出して見たら一兵卒であつた。

この場面に居合わせた武谷一等軍医正の談話に出て来るもので、全体はかなりの長文なのだが、この「モク〳〵する」を載せた新聞は実に多く、『東京日日』四日三面、『中央』四日五面、『読売』四日三面、『東京朝日』四日一面、『岩手毎日』四日三面、『岩手日報』四日三面、『河北新報』四日四面、『秋田魁新報』五日二面、『東北』六日一面、『山形』六日一面の、実に一〇紙が同様の記事を載せている。

この記事、長いが次に掲げる。四日付『岩手毎日』より。（　）内は原文通り。

46　○山口大隊長以下生存発見の実況（武谷一等軍医正の談話）

昨日（三十一日）、余はヤスノ木森より帰つたのでありますから、見て来たゞけのことは噺《はな》しますす。初めヤスノ木森より約千メートルばかり隔てた鳴沢の露営でもしたらしい所の近傍にてボツ〳〵炭小屋があるので、或はそこらに兵が居りはしないかと思ふておると、一番近い小屋の中で人声がする様であるから早速行て見ると、そこには三名の兵士が居るので直ちに応急手当をしたが、一名は遂に死し、他の二名は漸々《ようよう》元気が付て来たので、先づ第五哨舎に収容して治療をすることにした。その二人のものが三浦武雄といつて下士候補生、今一人は阿部宇吉と云ふ一等卒で、共に五中隊のものださうです。それから一々聞て見たら、此二人の者共が二十五日、方々を歩いて見たが、何分村落らしい者がないので死を決して居つた所が、幸ひ降雪も小晴れになり、前の方には掛小屋があるを見たので早速そこへ這入《はいっ》ておつたが、二十三日に分与された食物が皆な喰ひ尽したので腹がしきて仕方がないから、雪を噛り〳〵六日間そこにおりました。六日目になるとなんだか人の声がする様であるから声を振り立てゝ呼んだ次第である。こういふ様に極く明瞭な答であるが、何分気が張ておるから非常に激してるので、却つて病気の為め宜しくないから聯隊長に噺し、当分は人と合はせぬ方がよからうと言つておいた。それから余は帰営する積りで仕度しておつたら、余の使役した人夫が向ふの山の半腹に人が見ゆるといふのである。出て見たら四方から人が集まつて来るので、余も人夫の指さした方を見ると、慥《たし》かに人らしい者が四箇ある。其内に声がしたとか云ふので余も大声を揚げて三回程呼んだら、最後には応答したので、何とか早く救援しなければと思ふてるうちに、ヤスの木森の向ひの方から一隊の兵士が顕《あら》はれ、段々其の方面さして進み行くので先づ是れで大丈夫であると思ふたから、田茂木野へ帰り来て見れば既に電話で通知があつた事のミならず、無事に救援したと云ふので、其遭難者の人名の内には山口大隊長も居らるゝし、其の外に倉石大尉、伊藤中尉外伍長と兵卒なので、余は早速医官に指揮をなし、何時収容しても差支のない様に取計ひおると、聯隊長も来たから聞くと、其の内、伊藤中尉などは大分の元気だし、外の倉石等も大丈夫だと申された。初め聯隊長は将校二名が救助せられて送られたと云ふので早速行て見て、大きな声でおまいは誰れかと尋ねたら、伊藤ですと答たそうだ。それから軍医が治療をしたら元気も元気。伊藤が今度は自分から話しをする様になつたので、一々尋ねて見ると、伊藤中尉と倉石大尉と外二名の者が駒込川の前の山の半腹にある崖穴に窮居し居たが、多数の人影を認めたから自分等は穴から出て救を求めたのであるそうだ。所が倉石大尉一名が助かつたのを崖下の雪の中に居る兵卒が聞き、モク〳〵するので掘り出して見たら、一兵卒であつた。其の者に投薬をしたら、この下（バヽコ沢）に山口大隊長も居ることを確めたので、直ちに掘り上げたら少佐も助かつておるから応急の治療をなし、本日（三十一日）は田茂木野の本部へ着《つい》た筈です。さきに見附た三浦上等兵外一名は既に当青森衛戍病院へ収容しおりまして、手等は格別の事もあるまいが、足は如何《どう》なりましようか。結果のよけれバ切断迄には及バぬでしよう。倉石大尉外三人も午前十二時頃までには当院へ収容が出来るだろうと思ひます。尚ほ、山口大隊長を発見した近所には多数の生存兵士がおるらしいと云つてるものもあるが、今朝（二月一日）の電報に依れば生存者は如何にも疑はしいことである。或は生存者でも居るらしき所は大滝の下の炭小屋かの様であるが、それはたゞ余の想像のみであります。――四日付『岩手毎日』

傍線部の日付のつじつまが合わないが、一月三一日に山口少佐以下が発見されたことから、この談話は二月一日にあったのだろう。そして翌二日の「幻の東奥日報」に載り、その二日後、他紙に転載されたと考えられる。同じ記事がきれいに四日に頭を揃えて多数の新聞に掲載されているのは、こうした事情からではないか。無論、推測だから絶対ではない。

なお、この記事を載せた新聞のリストのうち、『読売新聞』のものにはアレンジがされており、『山形新聞』はこれを写したもの。他は大同小異。なお、『読売新聞』の記事には「二日午前於青森山崎特派員報」とのキャプションがある。二日に見たのだろう。

このほか、次のような記事が、二月二日付「幻の東奥日報」に載ったと思われる。『東京朝日』『岩手毎日』『河北新報』『岩手日報』のいずれも二月四日号に掲載されているからだ。次の47、48、49はいずれも四日付『岩手毎日』三面から。

47 ●山口大隊長の容体

駒込川上流に於て生存しあることハ前報の如くなるが、昨日午前発見地より毛布に包ミて橇に載せ、看護手付添ひで衛戍病院に送りたるが、顔は全く凍傷の為め恐ろしく腫れ太とりしと。其途中にて雪を欲しとて看護手は雪を喰せしめたり。

48

●露営地の発見

捜索隊は漸く進で、再昨日、駒込川の源なる鳴沢の麓まで前進したるに、仝所に於て行軍隊の露営地を発見せるが、其形跡を見るに、丈余の積雪を堀りたる模様にて、既に数尺の雪を以て其の上を蔽はれつゝありしも、叉銃の銃口により露営地たるを発見せり。同所を堀りたるに、水野中尉及び兵士十六名の死体と外に銃六十余挺、鍋一個を発見したるが、兵士は当時如何に労働辛苦したる者にや、外套を棄て、甚だしきハ肌衣一枚を着したるまゝで死し居るものあり。当時の惨状想ふべきなり。

49

●生存者三浦外二名

一昨日、第六哨舎の附近に出でたる捜索隊は、死体を発見しつゝ進行の途中、兎の居りしを認めたるより、或る捜索兵は兎を捕獲せんとて馳付け、檜山下に至りたるに、尚、兎は或る炭小屋附近に走りたれば、同所に至りたるに、小屋内に於て助け呉れとの声するより、兵士は直《ただち》に小屋内に這入り見るに、三浦武雄外二名ありたり。

三浦武雄、阿部宇吉外一名が一昨日迄生き居たることを聞くに、廿五日彼等は露営地を発し、田茂木野に向ひ前進したるにも、大吹雪にて且つ寒気甚しければ、手足を凍らし、漸く前陣の或る炭小屋まで到着したるも、食料は一食もなければ、一昨日までは毎日小屋を匐《は》いのび（手足凍りし為め）、所持の食器に雪を入れ、股に入れて之を解し水となし、之を飲みて辛くも今日まで生命を保ち来れるが、他の一人は全日朝に至り、余は到底生きられずとの一言を残して其儘絶命せりとは千秋の恨事と云ふべし。


47において、山口大隊長の入院は二月一日である。それを「昨日」というからには、二月二日に書かれたものであることがわかる。

48「水野中尉」の死体発見は一月三一日。この日を「再昨日」と言えるのは二月二日。

49「三浦武雄、阿部宇吉」の発見は一月三一日。「一昨日」なので二月二日の記載とわかる。

以上のことにより、これらの原典は二月二日付のものであると推定できる。少し乱暴かもしれないが、「幻の東奥日報」に書かれてあったのではないか。なお、48「再昨日」と49「一昨日」の違いについては未詳。

また、この二月二日には、東奥日報の号外が出ている。四日付同紙に再掲載されているため、その内容は判明している。紙幅の関係で全ては掲載できないが、その項目と要旨について以下に記す。

50　●聖恩優渥
勅使第五聯隊に臨ませらる　…　宮本侍従武官が二日に来青し、聖旨を伝えた。
●又た吉報来る　……………………　長谷川特務曹長以下四名の生存者が発見された。

●生存者死す……………………生存者・高橋伍長が死亡した。
●生存者と死体…………………発見した死体七一、生存者は二名（内一名は死亡）。
●特旨昇進………………………見習士官・田中稔と今泉三太郎が少尉に任ぜられた。
●工兵隊の捜索…………………工兵第八大隊三百五十余名が来青、遭難地へ向かった。
●師団司令部出張所……………第五聯隊第一大隊のところに標記の出張所が開設。

四日号に再掲載された右の記事には「以上昨夜号外再記」と附記されている。四日の「昨夜」なら「三日夜」のはずだが、五日号に「一昨夜乃ち去る二日の号外再記の誤植」との訂正記事があり、事情が判明するのである。簡単にいえば、二日の号外は、この日に勅使が来たことと、新たな生存者が発見されたことの速報であった。二日の「夜」に号外を出したのは、翌三日が月曜日で東奥日報が休刊だったからであろう。

「幻の東奥日報」二月六、七日号を推理する

やはり「二日後、他紙に掲載」を軸に考えていく。
上段が二月八日付『岩手日報』、下段が二月九日の『河北新報』である。

51

▲工兵隊　工兵一個中隊ハ田代にあり、一昨日は下山の筈なりしに、吹雪の為め下山することならず、食物の欠乏を憂ひ、減食しつゝありとの報は《ママ》り。

▲捜索隊の交代　予報の如く歩兵第五聯隊の捜索隊は交代して、再昨夜、百十七名帰営せしが、連日の疲労にて、内九十九名は軽症患者として休養せしめ居れるが、三十二名は軽き凍傷に罹れる由。

▲砲兵の応援　野戦砲兵第八聯隊より将校以下百七名ハ、後藤大尉に引率せられて、一昨日の一番列車にて弘前より来青。一昨夜は筒

280

▲東宮武官　清水谷伯爵には、立見師団長、梅沢副官随行と共に、実地視察の為め遭難地に向け出発したる所、天候険悪なるを以て、登山丈けは見合はせ、武官には田茂木野より帰宿せしが、立見師団長は同地に宿泊することになりしと。

▲工兵隊の困難　工兵一個中隊は田代にあり、昨日は下山の筈なりしに、吹雪の為め、下山することならず、食物の欠乏を憂ひ、減食しつゝありとの報あり。

▲捜索隊の交代　予報の如く歩兵第五聯隊の捜索隊は交代して、一昨夜、百十七名帰営せしが、連日の疲労にて、内九十九名は軽症患者として休養せしめ居れるが、三十二名は軽症凍傷に罹かる由。

▲砲兵の応援　野戦砲兵第八聯隊より将校以下百七名ハ、後藤大尉に引率せられて、昨日の一番列車にて弘前より来青。一昨夜は筒井

井村に村落露営し、昨朝六時を以て遭難地に向け出発し、第八哨所に至り、平岡少佐の指揮に属するよし。

▲生存二等卒危篤　衛戍病院に療養しつゝある生存者第六中隊二等卒・気仙郡の紺野市次郎は、容体甚だ悪しく、一昨日は危篤なりしと。

村に村落露営し、今朝六時を以て遭難地に向け出発し、第八哨所に至り、平岡少佐の指揮に属する由。

▲輜重《しちょう》兵の配置　輜重兵第八大隊より派遣せられたる五十九名は一昨日遭難地に向ひしが、各哨所にありて輜重の監視に任じ居る由。

▲銃声と救声　幸畑村より駒込川の上流に出でゝ炭焼きに従事せる一杣子は二十三日来の大風雪に外出も叶はで居りしに、同日午後より二十五日の暮に亘《わたっ》て、山も揺かんばかり救けを呼ぶ銃声と救声を耳にしたるが、同日の深更に銃声救声共に衰え行き、翌朝に至りて全く之を耳にせざるに至れりと。因《ちなみ》に記す。該杣子は此程居村の者共に救はれて帰村せし

が、日夜此事を語り、せめて救援隊が廿五日迄に達せしならば斯程の惨事を見ざりしものと嘆き居るとなん。
▲川を渉て死す　駒込川の向岸に直立して死せる二個の死体あり。一は佐藤特務曹長にして、一は兵卒なり。此は思ふに、向岸に炭焼小屋の灯を認め、殆んど夢中に川を渡渉して向岸にせ《ママ》るも、酷烈の寒気に撃れて其儘死を遂げしものならんと。

微妙な違いはあるが、下段には「七日青森発」と附記されている。共通の典拠があるのは確実で、おそらくこれが二月六日か七日の「幻の東奥日報」に書かれていた記事だと思われる。

このほか、九日付『東北新聞』には次のような記事が載っていた。51下段の最後の二記事と読み較べられたい。

52　▲幸畑村より駒込川の上流に出でゝ炭焼きに従事せる一杣子は二十三日来の大風雪に外出も叶はで居りしに、同日午後より二十五日の暮に亘て、山も揺かんばかり救けを呼ぶ銃声と救声を耳にしたるが、同日の深更に銃声救声共に衰え行き、翌朝に至りて全く之を耳にせざるに至れりと。因に記す。該杣子は此程居村の者共に救はれて帰村せしと。
▲駒込川の向岸に直立して死せる二個の死体あり。一は佐藤特務曹長にして、一は兵卒なり。此は思ふに、向岸に炭焼小屋の灯を認め、殆んど夢中に川を渡渉して向岸に達せるも、酷烈の寒気に撃れて其儘死を遂げしものならんと。

51下段の『河北新報』も、52の『東北新聞』も同じ二月九日付である。

このほか、これも同じ二月九日付の『東京日日』にも「砲兵百名の応援」「輜重五十九名の応援」「捜索隊の交代」が掲載されている。

また、七日の『東京朝日』は、電報による記事を載せていた。53と51の見出しを見較べられたい。この情報源が「幻の東奥日報」であった可能性は否定できない。

53

●捜索隊交代　　六日青森特派員発
昨夜、歩兵第五聯隊の捜索隊百十七名、交代として帰営せり。内、九十七名ハ患者として休養せしむ。
●砲兵隊遭難地に向ふ　　六日青森特派員発
本日、野戦砲兵第八聯隊より百七名来り。今夜筒井村に村落露営し、明日午前六時、遭難地に赴く筈。
●東宮武官引返　　六日青森特派員発

清水谷東宮武官、立見第八師団長と共に今日、遭難地に向ひたるも、吹雪の為め、東宮武官ハ田茂木野より引返へし、師団長ハ同地に宿泊せり。

●生存二等卒危篤　六日青森特派員発

生存者紺野市次郎危篤なり。

「六日青森特派員発」とあるからには、これらは六日付の『東奥日報』に載っていた（要約だが）のではないかと思われる。

もう一つ、「幻の東奥日報」に載っていたはずの記事がある。

本書四八頁で既述したが、この際、再記する。

二月八日付『東奥日報』の三面左下に、次のような訂正記事が出ている。

54　●正誤　前号の倉石大尉遭難談中、二十九日分を脱せるを以て左に掲ぐ。

▲二十九日　余等を去る約十米突許の所に居りし一兵卒の来たりて、余等の団に入りしのみ。

これによって、前号つまり二月七日号に二十九日分の欠けた「倉石大尉遭難談」が掲載されていたことがわかるのである。

ではその談話は…というと、『岩手日報』の二月七、八、九日号に、また『東京日日』二月八日号と十日の号外に載っている。双方の記事は誤植程度の違いはあれ同一である。この二紙に、二十九日分のない「倉石大尉遭難談」が掲載されているのだ。この原文が二月六日と七日の「幻の東奥日報」に出ていたのだろう。東奥日報が八日に「二十九日分を脱せる」としている以上、同紙はミスを認めているが、それに気付かず他の二紙が記事をそのまま掲げたということは、原文を引き写しにしたということであろう。その「遭難談」、かなり長いが『岩手日報』より引く。

55

●倉石大尉遭難談

▲一月廿三日　山口大隊は第五聯隊を発し、直に田代街道に向へり。此日、午後一時頃、風雪烈しく頗る進行に困難せるが、益々勇を鼓し、遂に火打山の処に至りし時は稍々《やや》雪も小晴れとなり、夫より漸次進行せしが、寒気激烈、手袋をとる能はず。時に午后五時なりければ、先づ露営せんとして一隊足踏をしながら止まりたり。この地ハ猿沢にして、約二千メートルばかりの所に樹木茂れる森ありければバ、これぞ寒さを凌ぐに幸ひなりと、こゝに露営することとなりたり。露営の状況は、先づ其雪を掘り大ひなる穴に造り、其周囲には雪塊を積み重ね防風雪の防ぎとなし、余の中隊を小隊に編成し、各そこに宿ることゝなり、携帯せる炭を焚き僅かに暖をとるべくしたり。此時、大隊本部ハ大樹の下に露営せり。午後九時、風雪も甚しからざる故、晩飯を食せんがため炊事所をなさんと雪丈余を堀れど土に達せず。また、枯木の枝をとりて燃さんとせるも、下には雪あり。完全なる飯を得る事出来ず。されども兎に角、半煮の飯を食す。尚、携帯行李を解きて餅三個を兵士に分与し、其を食せんとせし時は既に凍りて石の如く、或るものは僅かに火に暖めて噛りしも、内の餡《あん》は其の味をなさゞる程なりし。然れども今やかれ

これする場合にあらずとて、其れを食し、飢を凌《しの》ぎ、終はれり。而かも寒気甚だしく、又堪《た》ゆるに難ければ、兵士に足踏をなさしめ、軍歌を奏さしめ、相互に助け助けられ、辛くも凉傷を防ぎしも、身体の疲労と寒さとは知らず〳〵眠りを催ふすの恐あるより、午前二時、一同出発に決し、前進したり。

▲二十四日　雪益々加り、風愈《いよいよ》強く、兵士に寒さを防がんため僅かの酒を与へしも、皆後の寒さを恐れて呑まず。たゞ悲壮なる軍歌を以て勇を鼓せしも、天なるかな命なるかな、寒さは益々烈しく、午前五時、再び前露営地に引帰らんとせしも、遂ひに目的地に達する能はざるのみか、駒込川の辺《ほと》りに出でたり。前夜の露営地と異り木なく、為めに焚火することを得ず。このとき将校以下下士卒は髭《ひげ》眉毛氷り、如何ともなすこと能ハざれども、各々相互に助け合ひ、手の如きは他人の防寒外套の間に入れ冷傷を防ぎたり。食物の如きは手等の多少自由を失せると冷結の甚だしき為め食すること難く、余も食せざりき。其の時、既に凍傷に罹れる兵士の斃れたるもの三、四。これが救助の策を講ずる再三なりしも、如何ともする能ハず。残念ながら其儘になし、尚ほ進行せんとせしに、中野中尉の如きは既に凉傷に犯され、顔は一面紫色に変じたり。この時、多数の将校、兵士は指凉へ股のボタンを外すこと出来ず、其儘便をなしたり。中野中尉は其時殆んど手を凉傷せられしこととて、余ハ三、四回吹き飛されんとせし帽子を被らせ、尚袴のボタン等も外づすやり便をなさしめたり。時は日暮に近かく、風荒らく降雪甚だしく咫尺を弁ぜざるも、僅かにサイノ川原の附近四十米突ばかり北の山に露営することに決せし時は、全隊の兵士三分の一位は凍傷に斃れ、空腹にて歩行すること能はざるに至れり。興津

中隊長は全身の知覚を失ひて人事不省となりしかば、各抱き合ひ介抱すたりと雖も蘇生せず。小山田特務曹長は終夜看護に力をつくしたり。この日、既に食尽き、空腹は益々迫り来たり。如何ともすべからざれど、翌朝の天候に望みを抱き、各人相擁して団輪を作り、最も凉傷に罹れる者を取囲み露営をなしたり。

▲二十五日　午前三時、斃れたる興津中隊長を携へ、暗《やみ》を犯し前進せり。此時、余（倉石大尉）は青森街道と約千メートルばかり異なるを発見せしかば、廻れ右の号令をなし行路を転じたるも、悲しむべし、凍傷に斃るゝ兵士多く、三十名ばりは屏風を倒しが如く大乱れに乱れたり。故に総身の熱誠をもて勇気を鼓舞したりと雖も、ただ日本特有の魂は慥《たし》かなりしも、身体の自由を奪ひ去られしの時なれば、何の甲斐もなかりけり。時に午前七時なり。天は余等をして益々悲運に陥らしめぬ。此の時、山口大隊長はまだ人事不省となりければ、将校数名は相抱きて樹下に風雪を凌ぎ、生木の枝を集めて火を点ぜしも、ジユ〳〵と音せるのみで暖を取る能はず。こゝに於て万事の望を没し去られし余等の胸間は、今語らんとしても形容するにものなし。僅かに背嚢に板片のあるを悟りしかば、死者の携ふるものを集め、焚火をなして大隊長を暖めたり。去れど大隊長は蘇生せず。斃るゝもの益々多く、今や一刻も立留まり居る時にあらずと決心し、行進すること殆ど一時間位なるべし。天の一方に碧空を認めたり。時に雪少しく小晴となりしかば、一組八名の下士斥候を編成して、一は田茂木野に出づる道を探らしめ、一は田代に通づる道を探らしめたり。其間に各兵士の健脚なるものを撰びて、近傍に歿せるものゝ食物を集めしめたり。時に突然、山口大隊長の蘇生せしかバ、全軍一同に勇気づき、猛然として前

進せんとしたり。この時、大隊長の命により神成大尉各隊を指揮し、火打山附近に着せるは正午十二時。そこに停止せる際、大橋中尉が斃れたり。永井軍医は空腹の故なりと言ひしかど、残れる食物を噛みて与へ、遂ひに蘇生せしむることを得たり。其れよりサイの川原の方向をさして進みしが、大橋中尉、永井軍医其外兵士の多くは、この時、後《おく》れしものならん。余が隊はサイの川原の西方に入り、待てども〳〵来らず。時に余が隊の下方なる約千メートルばかりの渓谷に人の声かすかに聞えたり。これぞ前進せる神成大尉の行ならんか。既に日は暮れんとして寒気酷烈、進むとも叶はざれば、そこに露営することに決したり。其夜は身心とも疲労せしと空腹なるにより、余の如きは漸々昏睡せしとて今泉見習士官に二度三度呼び起されたり。

▲二十六日　午前の一時頃、神成大尉一行の集団せる所に至んがため出発せり。この処ハ約一千メートルばかり隔りおるに、二時間半ばかりにて漸く達するを得たり。されど余等は再び悲しむべき運命に遭遇したり。即ち大隊長はまた人事不省となりければ、種々介抱したりと雖も、ただア丶といふ声のみにて蘇生せず。止《やむ》を得ざるにより、強壮なる兵士十数名をして守らしめ前進せる時には、神成大尉一行は影だになく、其うち中森といふに至りしかば、露営することとなり、各幹部は厳然寒気と戦ひしも、夜に至りて疲労と寒さに血凍り昏睡するに至りしもの数名あり。この日、行進せる路は普通ならば二時間ばかりにて達することを得べきに、一食もせずただ雪を噛りつゝ行けることとて、一日を費やせり。

▲二十七日　時間不明、一名の伍長来たり。告げて曰く、田茂木野道は分明せりと。即ち各兵を励まして行けども〳〵田茂木野路に達せず。たゞ右に小山の見ゆるより其所に至りしに、こゝ

にて先に別かれし神成大尉、中野中尉、鈴木少尉、今泉見習士官等ありければ、互に談合の上、二隊に分離し道を求めんとせるに際し、大隊長の来たるに逢ひければ、各々蘇生したるを喜びて、互に勇気百倍、二隊に分かれ進行せり。時は慥《たし》かならねど午前六時より七時の間なるべしと思ふ。それより予が一隊は大隊長を始め伊藤中尉其他の数名に過ぎざりしも、相擁しつゝ前進したるに、前方に高址を見出せしかば、余は疲れし足を踏みしめ〳〵はひ上ぼり地形を案ぜしに、後方に駒込川あるを悟りしかば、或は川べりを下らんには青森に至るを得べしと。それより一行ハ其の方を指して進みたり。これぞ駒込川の断崖にして、氷結甚だしく滑り、危険云ふばかりなく、この時、既に日も将さに暮に迫まりければ、程能き崖蔭に身を潜め一夜を凌がんとせり。時に今泉見習士官は下士一名を伴ひ路を見定むべしと川を下り行きし儘、遂に帰り来らず。

▲二十八日　此日早朝、雪も小晴となりければ、大隊長等をして崖を登らしめんと努めたるが、午後三時迄に至りしも上ることを得ずして、疲労甚だしく、元の所に帰りたり。この川の辺に大隊長は座をしめて動かず、余等も凍傷者の多くは斃れしこととて一行七人とのみなりしに、佐藤特務曹長ハ下士外兵士を率へ聯隊に連絡せんとて行きしまゝ行衛不明となり、今は如何とも策のなすべき能はざれば、余は伊藤中尉と相抱きて命を天に任せ崖穴の裡に覚悟の座を占めたり。されど、大隊長の気遣はしければ、這ひながら其の傍らに至り、こゝよりは我等の占めたる場所は雪の甚だしからぬ位置なれば、お移りなされよと再三勧めしも、頭を振りて吾はこゝにて死せんとて肯ぜず。止を得ざれば、余は再び穴に戻りて死を待つのみなりし。只だ

時々各々川に下りて水を呑み帰る時に、大隊長殿如何で御座ると伺ひ寄る。去れど大隊長は動くの意なく、此処に死すると答ふのみなりき。

▲三十日　二等卒・後藤惣助は我等の籠り居る所に来り。一団五名となりたり。天を仰いで死を待つより外かなかりき。

▲三十一日　渓谷に陥り崖穴に入り既に二日なるを以て、天候少しく晴れたりと雖も、如何ともする能はず。昼は吹き来る雪に対し、夜は時に雲間の星を見るのみ。前に進まんが底深き水の流れあり。後に至らんが断崖絶壁なり。さればとて空しく座しては眠を催ふし、其のまゝ凍死するのみなれば、一生の勇を鼓して高地に攀づ登らんと努め、午前八時頃、各々登らんと試みたれど、気のみ勇めども足立たず、漸く踏みしめ〳〵二百五十メートルばかりの処を午後三時までかゝりて辛らくも登りたりしに、遥か彼方に人の彷徨するを認めたり。此時、伊藤中尉は其の人々の運動の機敏なるを見て凍傷兵の一行にあらざるを知り、救を求めんとて四人声を合せて叫びしに、果たせるかな捜索隊にして、余等は辛らくも救助せらるゝを得たりしなり。

こうして「幻」を追ってみると、号は欠けておらず、発見された紙面に問題となる記事も見当たらない。ただ単に保存紙がなかったというだけではないか、といった気がする。さらには、軍隊がどうした、憲兵がこうしたなどと騒ぎ立てるほどでもなかったようだ。

記事の推理にあたっては、当ることもはずれることもあろう。的中率七割を目途としたい。

結局、「幻」とはいえ、あくまで「かぎかっこ」つきの話ではあった。

第五章　「美談の真相」その後

「実に美談として後世に伝ふべし」

この遭難事件ではいくつかの美談が生まれている。

上官の命令に従って最寄りの人家に向い救助を要請するとともに遭難状況を伝えるという大任を果たした後藤伍長や、我が身を省みず山口少佐に水を供し続け同少佐の生還を助けた山本徳次郎などが挙げられるが、「死シテ猶上官ヲ庇護ス」の話もよく知られている。この「死シテ……」は『遭難始末』の巻末に採録された当該美談のタイトルである。

ことは二月一二日に判明した。場所は「鳴澤付近」。情況は次の通りであった。

1　一昨日十二日発見したる午前の分七名は前号に記せしが、尚其後の分を合すれば、興津大尉外十名にして、何れも鳴澤付近に於て発見したるものなるが、其の内の興津大尉は一兵卒の膝を枕にして死し居りしが、其の兵卒は大尉の従卒にして、従卒が大尉を思ふの切なるより、死に瀕しながら尚ほ大尉を介抱し、遂に相共に斃れたるかを知るべし。主従其の死を共にす。将校兵卒の間柄の如何《いか》に親密なるかを見るべく、実に美談として後世に伝ふべし。
——二月一四日付『東奥日報』

翌一五日の同紙よれば、発見したのは「馬渡《まわたり》捜索隊」だったという。

2 馬渡捜索隊　午前八時出発。氷山南方約七百米突《メートル》の所より南方二百米突の正面を以て約五百米突を捜索し、夫より鳴澤方向に対して捜索せしが、午前十一時三十分、第二露営地南方約二百米突の所に於て第八中隊一等卒・木村松兵衛の死体を発見し、同死体は銃を負ひ頭部を南方に仰臥しあり。夫より南方約二十米突の所に、興津大尉及び兵卒一名発見せり。興津大尉は頭を南方にし仰臥せり。他の一名は多分従卒にはあらざるかと思はるゝが、一方の膝を立て大尉の足部に坐して大尉を介抱しつゝ凍死せるの模様あり。平岡大隊長は当時現場に居りしが、各兵卒をして此状を見せしめたるに、忠誠の心死して其影を存す。見る者潸然涙を揮はざるものなかりき。

この忠死ぶりが美談だというのだが、1では「興津大尉は一兵卒の膝を枕にして」いるのに対し、2では「一方の膝を立て大尉の足部に坐して」だから位置関係に違いがある。

しかして、その兵卒の名は、同日（一五日）同紙同面にこうある。傍線引用者。以下同様。

3　前号及び別項に記せる如く、再昨日、鳴沢附近に於て発見したる興津大尉の死体は一等卒・吉田春松の立膝を枕となし、尚ほ吉田一等卒は巳が身を以て大尉の身体を蔽ふやうにして共に斃れ居たるは全く大尉を介抱したるまゝ凍死したるものなるべく、見るもの皆な涕《なみだ》をしぼらぬはなかりしが、余まりのいぢらしさに之を叡覧《えいらん》に供することゝなり、陸地測量部の写真班長・外谷歩兵大尉は、一昨日、同死体の第八哨所に運搬し来るや、同所前に於て発見地に於けると同様の状態となし撮写したり。

ここにおいて、初めてその忠兵の名が「吉田春松」だと記されるのである。同紙によると、吉田一等卒は「岩手県岩手郡梁川村」の出身とあり、同地ではその死を悼むのは当然としても、その忠誠ぶりにある種の栄誉を感じたことであろう。ただし、吉田の郷里の人がこれを知ったのは、翌一六日のことらしい。というのも、3と同じ記事が一六日付の『岩手日報』に載ったからだ。

なお、3で「撮写」した「一昨日」とは二月一三日のことで、発見の翌日ということになる。ただし、込み入ったことだが、一六日付『岩手日報』ではこの部分を「十二日」として伝えている。3においては、「再昨日」と「一昨日」の使い分けが認められる。

では、他紙はこの件をどう伝えたか。『東京朝日』二月一五日号「凍死事件　十四日青森特発」から引く。

4　豊田捜索大隊ハ郡山の西南谷間を捜索せしも得る所なく、鳴沢露営地南方約三百米突の所にて軽石三藏一名を発見し、馬渡捜索隊ハ郡山南方約七百米突の地点より南方正面約五百米突の場所を捜索し、夫れより鳴沢方面に向て捜索せしに、露営地南方約二百米突の場所にて木村松平の銃を負ひ仰向けに斃れ居るを発見し、夫れより南約二十米突の地に興津大尉と吉田春松とを発見せしが、平岡大隊長現場に居合せしかバ各兵卒に其死状を視せしに、一同涕涙稍久うしたり。（略）

一昨日発見せる一等卒・吉田春松ハ興津大尉に膝枕をなさしめ体にて其上を蔽ひ介抱せしまゝ自分も共に凍死居るを見、捜索隊ハ何れも感涙に咽《むせ》ばざるなく、其実況を天覧に供するため、陸地測量部の外谷写真班長ハ第八哨舎の前にて其儘の状態を撮影したり。

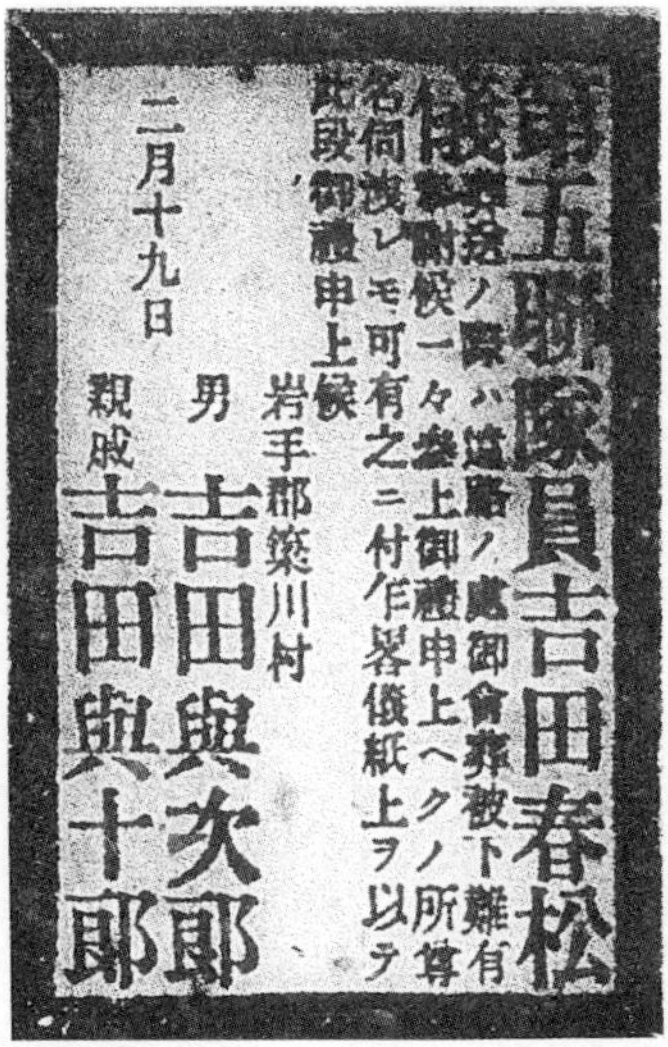
第五聯隊員吉田春松
儀葬送ノ際ハ遠路ノ處御會葬被下難有
奉謝候一々参上御禮申上ヘクノ所尊
名伺漏レモ可有之ニ付乍略儀紙上ヲ以テ
此段御禮申上候
岩手郡簗川村
二月十九日　男　吉田與次郎
親戚　吉田與十郎

二月二〇日『岩手日報』より

これと同じ記事が一七日の『河北新報』四面に見えるが、いずれにせよ、世間にはこの殊勝なる兵卒が「吉田春松」だと伝えられたのである。

そして発見から六日後、二月一八日の『岩手日報』は次のような記事を載せた。

5　吉田春松の葬儀　岩手郡梁川村凍死軍人・吉田春松氏の葬儀は本日執行の由

にて、郡長代理、警部長代理出張、会葬の筈。

その葬儀の模様は二一日の同紙にある。

6　凍死軍人葬儀　岩手郡梁川村故歩兵一等卒・吉田春松氏の葬儀ハ再昨日午後二時、仏式を以て自宅に於て挙行せらる。会葬者ハ知事・警部長・警察署長代理、郡村会議員、村長、有志者等無慮二百余名にして、知事始め其他の吊詞数通代読せられる抔《など》、中々の盛葬なりし。因《ちなみ》に氏の興津大尉に対する美談に就ては当時本紙に掲げし如く、其状況は侍従武官より具《つぶ》さに奏上に及び、且、撮影して叡覧に供せんとすと。実に死後の光栄亦《また》之れに過ぎざるべし。

「本紙に掲げし如」き「興津大尉に対する美談」は、一六日付同紙つまりは3と同じ記事である。さぞや会葬者から賛辞を受けたことであろうし、愁傷を慰めたものと推測されるが、それも長続きはしなかった。半月後の三月八日の同紙に次のような記事が載ったからだ。

7　遭難の写真　曩《さき》に参謀本部より出張せる外谷写真班長の撮写したる写真は、再昨日、第五聯隊に到達。同写真は遭難地及田茂木野運輸の状況、第五聯隊と衛戍病院の患者等を撮写したるもの百余種にして、内に最も悲愴を極め感懐に打たるゝは興津大尉の死状にして、軽石三藏（当時吉田春松とせしは誤り）が大尉の足部を擁しつゝ大尉と直角に倒れあり。大尉は仰向けに倒

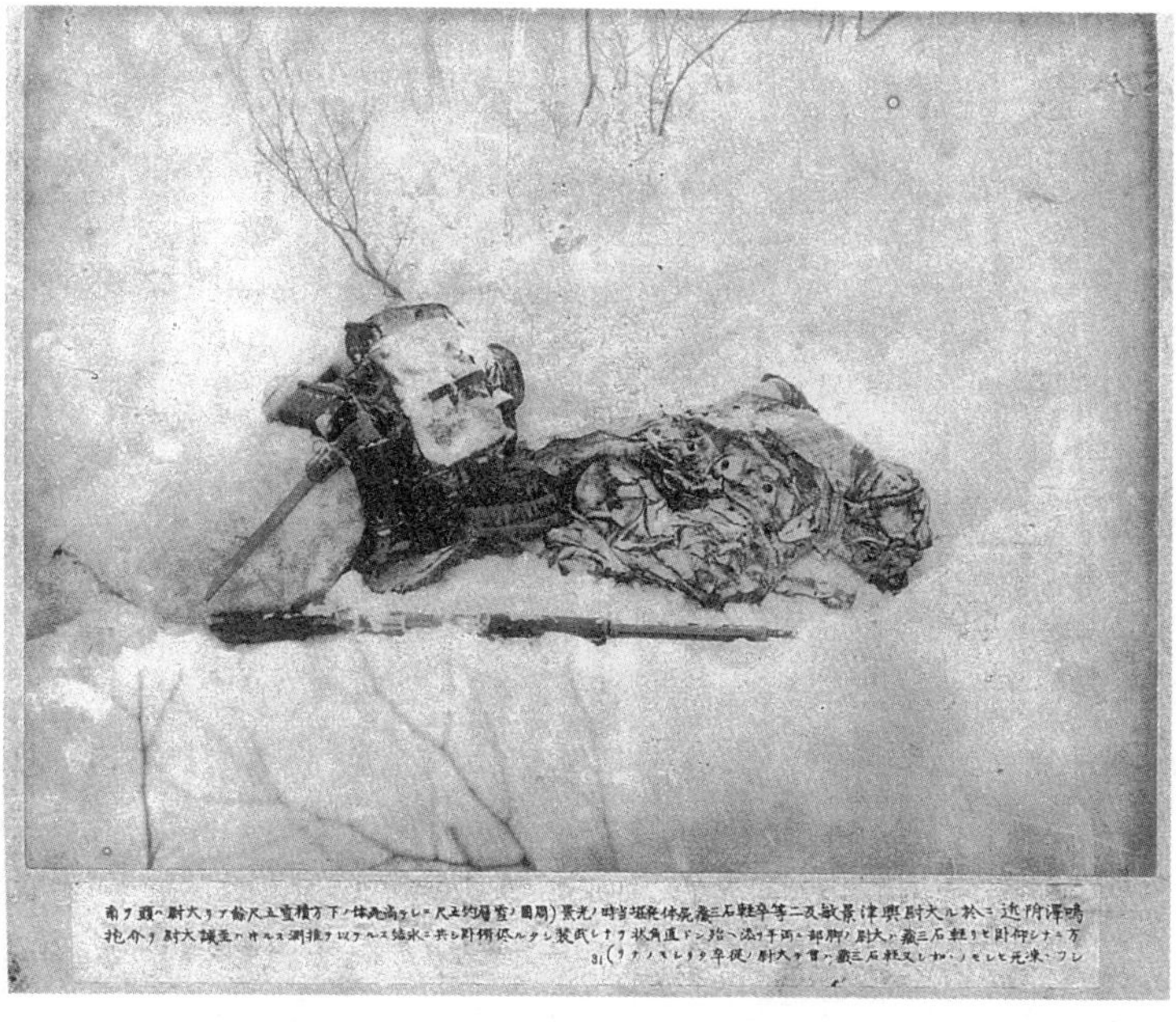

れながらも外套其の他にて能く蔽ハれあるは軽石が大尉を看病して死したるの状、思ひやるべし。軽石は曾《かつ》て大尉の従卒を勉めたることありしものなりと。

事前に内報があったかは不明だが、相当の衝撃であったと思われる。「再昨日」ということは、おそらく三月五日に外谷歩兵大尉の撮った写真が第五聯隊に届き、おそらくはそこから「誤り」が伝えられたのではないか。なぜ軽石かといえば、7を読む限りでは「曾《かつ》て大尉の従卒を勉めたることありし」ということしかわからない。吉田は従卒ではなかったようだ。

この写真は拙著『雪の八甲田で何が起ったのか』二〇一頁に既に掲げたが、『明治三十五年壬艮　青森衛戍歩兵第五聯隊第二大隊雪中行軍遭難写真』（以下、『遭難写真』とする）という写真集に収められている。青森市の「八甲田山雪中行軍遭難資料館」や自衛隊青森駐屯地内の「防衛館」にあるほか、『青森市史別冊　雪中行軍遭難六十周年誌』にも採録されている。

前頁の『遭難写真』に附された説明文を次に読みやすく記す。

8　鳴沢附近に於る大尉・興津影敏、及二等卒・軽石三蔵屍体発掘当時の光景（周囲の雪層約五尺にして、尚死体の下方積雪五尺余あり。大尉は頭を南方になし仰臥せり。軽石三蔵は大尉の脚部に両手を添へ、殆んど直角状をなし武装したる俛《まま》俯臥し共に氷結するを以て、推測するときは、至誠大尉を介抱しつゝ凍死せしものゝ如し。又軽石三蔵は曾て大尉の従卒たりしものなり）

これには、はっきりと「軽石三蔵」と書かれている。

では、どうしてこんなことが起ったのか。

人違いのなぜ

この問題について述べたものとしては、昭和三六年（一九六一）六月六日付『陸奥新報』の「わ

がふるさと（589）」が早い（初めてかは不明）。ここに掲載された『陸奥の吹雪』（大和田建樹作）の歌詞、

9 絶えん興津が玉の緒は
なれが情もつなぎ得ず
手足の心に叶う間に
とくとく行きね、やよ吉田

これについて、記事を書いた同社文化部長の船水清は、こう説明している。

10 この歌詞の中には、興津大尉を介抱した兵の名は「吉田」とありますが、これは間違いで、さきに書いたように「軽石三蔵二等卒」であります。

「さきに書いた」とは、二日前の（587）に軽石だと書いていたということである。しかし、
10 「軽石三蔵二等卒であります」とはいえ、なぜそう言えるのかが示されていない。当局がそう認
定したとはいえ、これでは論理が成り立たず、説たりえないのである。

その後、四十年近くたった平成一三年（二〇〇一）、本書の著者が『雪の八甲田で何が起ったのか』を出版し、吉田春松こそ真の勇者ではないかと世に問うたのである。

「勇士の表象」六九頁より

「鳴沢附近に於る大尉興津景敏及二等卒軽石三蔵屍体発掘当時の光景」

その二〇〇〜二〇四頁で、論拠についてこう記した。つまり、人違いが起ったのは、この捜索隊が弘前第三一聯隊の将卒であったから人物の特定がうまくいかず、「多分従卒ニハ非ザルカト思ハル、」ため、結論に合わせて便宜的操作が施されたのではないか、と説明した。撮影したのが翌日それも場所を第八哨所前に変えた「再現写真」だったことで間違いが生じたと推定。「美談の真相」と題し、吉田と軽石では発見した捜索隊も違えば場所も違う、さらには階級も（吉田は一等卒、軽石は二等卒）、その二人の位置関係も違うとして、勇者が正しく顕彰されていないことを指摘したものである。

その三年後の二〇〇四年三月、大阪大学大学院文学研究科博士後期課程（当時）の丸山泰明が『日本学報』第二三号に「八甲田山雪中行軍遭難事件と『勇士』の表象―ある兵士の写真と銃をめぐって―」（以下、「勇士の表象」）を発表した。その八一頁で丸山はこう書いている。

11 まず考えられるのが、「軽石三蔵」(以降、興津大尉の傍らで発見された兵士を暫定的にカッコ付けで「軽石三蔵」と表記する)を「勇士」として表象するイコンとしてのこの写真の聖性を、再現されて撮影したものであることを理由にして否定することである。つまり写真を「捏造」されたものとしてその「虚構性」を暴き、「勇士」をつくられたものとして解体してしまう立場である。

このような、遺体発見時の「ありのままの真実」を撮影したものでないことに対する批判の前提には、写真は「ありのままの真実」を写すものであるとする、言うならば写真の真実性への信仰がある。「捏造」が批判の対象となりうるのは、それが写真の真実性を傷つけるからこそである。

傍線は引用者が施したものだが、この部分について丸山は後に註をつけ、こう書いた。

12 たとえば川口泰英は、このような枠組みで論じている。川口泰英『雪の八甲田で何が起ったのか―資料に見る〝雪中行軍〟百年目の真実』北方新社、二〇〇一年、二〇〇~二〇四頁。

どうしてこうなるのか。本書の著者は「解体」したことも、しようとしたことも、これからしようとも思っていない。だいたい、解体すれば、吉田こそ本物の勇者だと主張する大事な論拠がなくなってしまうではないか。写真が再現写真だからそこに人違いの隙が生まれたのではないか、と言っているのだ。「再現」であれ、人物の特定に問題がなければそれでいいのである。手違いがなかったなら、再現写真であることを取り上げることもなかったであろう。

相手を批判する時はその相手の言い分をきちんと把握することだ。一番いいのは引用であろう。「解体」などという言葉は使っていないのだから、「解体などしていません。勝手な枠組みは困ります」と言えば、それで終るのである。いかんせん、程度の高い話ではない。

丸山は二〇一〇年に『凍える帝国　八甲田山雪中行軍遭難事件の民俗誌』を出版したが、その一六八、一七八頁にも同じことを書いている。しかし、間違った批判は迷惑なのであって、きちんと取り消してもらいたいと思う。

念のため、「勇者が違っている」と主張する根拠について、拙著『雪の八甲田で何が起ったのか』二〇四頁から当該部分をそのまま引いて読者に示す。

13　おそらくは、死体検案所があった第八哨所に遺体が運び込まれた際、「多分従卒ニハ非ザルカト思ハルヽ」ため、〝結論〟に合わせて〝便宜的操作〟が施されたのではないだろうか。

となれば、軽石二等兵は図らずも虚名を釣ったことになる。が、それ以上に吉田一等兵は浮かばれない。見る者をして「感激禁ゼズ、窃ニ絨衣ヲ湿フ」させ、「潜然涙ヲ揮ハザルモノナカ」らしめたその〝勲功〟は、なかったことにされたのである。

写真の「虚構性」を暴こうとしているのではない。勇士を「解体」しようとしてるのでもない。「捏造」を批判の対象にしているのでもない。取り違えが起ったのではないかと言っているのだ。「便宜的操作」とは何かといえば、おそらく高校入試程度の国語問題だろうが、「従卒だったという、その事実に合わせて都合をつけること」が正解になろう。

なお、11「遺体発見時の『ありのままの真実』を撮影したものでないことに対する批判」の「対する」は間違いではないか。「…撮影したものでないという批判」とすべきではないかと思う。わかりにくい訳だ。

「ありのままの真実」とは

同じく11で丸山は「写真は『ありのままの真実』を写すものであるとする、言うならば写真の真実性への信仰」と記した。ということは、「写真にはありのままの真実が写るとは限らない」ということになる。そうだろうか。

写真にはありのままの真実が写るのではないか。だから「写真」というのだろうと思う。無論、色彩（当時は白黒）や立体感、視野、奥行（パースペクティブ）など人間の目と同じということはないが、レンズの前に展開している被写体をそのまま印画紙（当時）に留めるものではないかと思う。それは「信仰」ではなく、むしろ「真理」と言ってもいいものだろう。心霊写真が恐いのも、UFO写真が話題になるのも、写真には真実が写っているとみんなが思っているからではないか。一般に、「写る」または「写す」となれば、普通は写真を思い浮かべるものだ。その実例が丸山論文にある。「勇士の表象」（『日本学報』第二三号七一頁）にこうある。

14　宮本侍従武官から依頼された青森師範学校の教員工藤晨が、入院している生存者たちの写真を二一枚撮影している。

これには後註があり、そこには、

15　「岩手日報」一九〇二年二月十三日付

とある。なお、同人著『凍える帝国』一五六頁にも14とほぼ同じ記述があり、後の註も同じ。では、その『岩手日報』の記事はどうかといえば、次の通り。

16　◎凍傷叡覧に入らんとす
師範学校の工藤晨氏は、宮本侍従武官の依頼にて師範学校長の命に依り、数日前、青森衛戍病

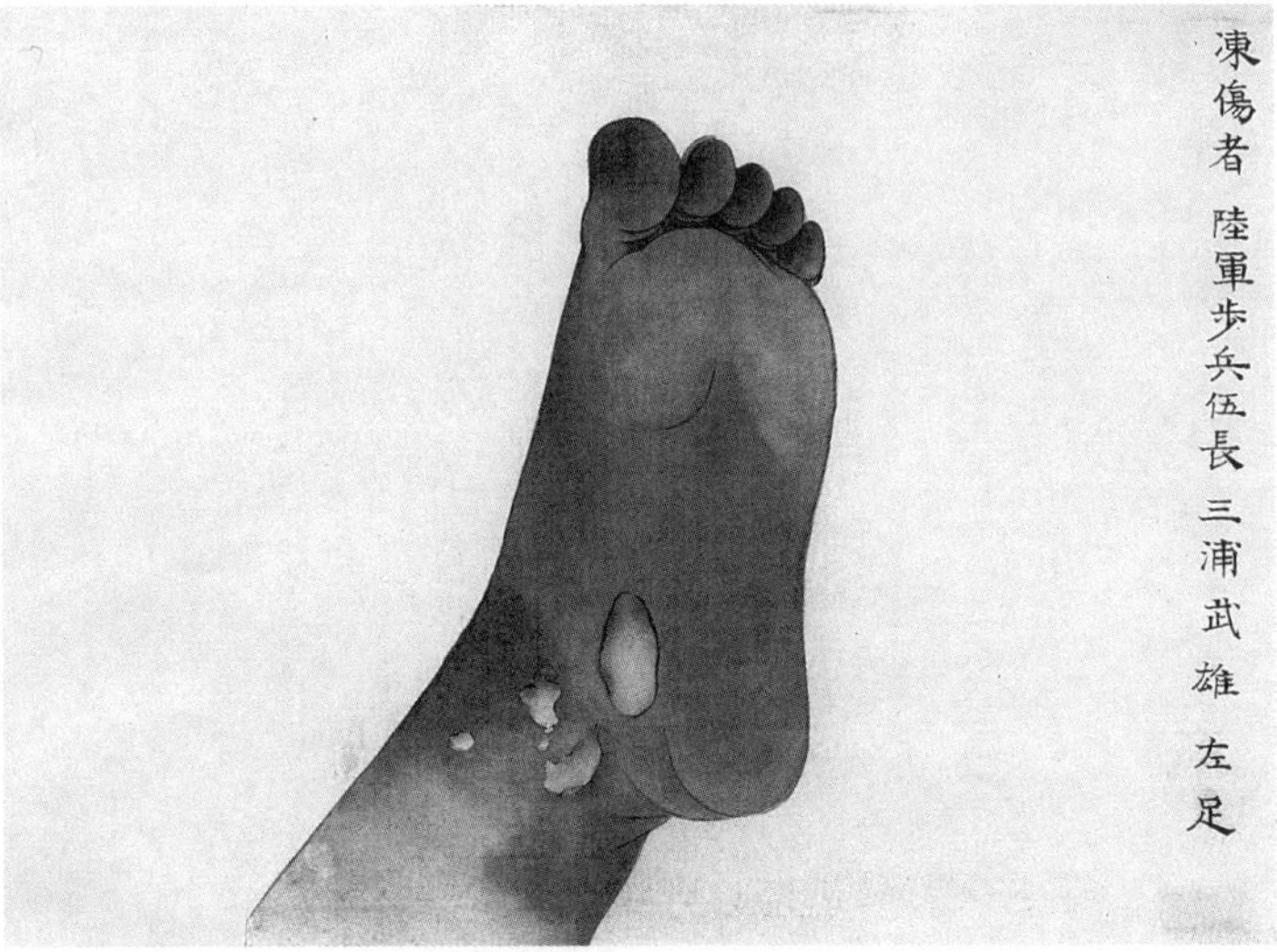

院に収容せる冷傷兵士等の手足を悉く写し取りたるが、二十一枚の内四枚ハ既に絹地に揮毫し、再昨日、中島方なる宮本侍従武官まで差上げたるが、他は目下揮毫中にて、宮本侍従武官は仝画出来の上ハ持参して帰京し、詳細の事とも画に就て奏上の筈。

これは一一日付『東奥日報』の記事とほぼ同じで、写したものだろうが、「揮毫」とは筆を揮《ふる》うことで、「画」を描くことである。なのに丸山は写真撮影だと思った。なぜか。11「写真は『ありのままの真実』を写すものであるとする、言うならば写真の真実性への信仰」があったからではないか。絵画で「写す」とは考えなかったのである。11を語った本人がこれだ。写真でも絵画でも文字でもみな「写す」と日本語では言うのである。

師範学校の工藤はおそらく「ありのままに」写し取ろうとしたのであろう。写真にしなかったのは、色彩をそのまま写そうとしたからで、そのほか写真ではピントの合わない部分（接写では被写界深度が浅くなる）が出たり、影の部分がわかりずらかったり（光が十分回らない）するためであろう。現代でも図鑑では写真ではなく手描きのものが少なくない。なお、前頁の凍傷図（原版カラー）は「八甲田山雪中行軍遭難資料館」に保管されているもので、言うまでもなく、絵である。ただ、工藤が描いた絵の現物ではなく、写真で複写したものだ。

宮本侍従武官の依頼で、おそらくは天覧に供するであろうと承知の上で筆を揮った工藤の絵は、「ありのまま」だろうか。「虚構」だろうか。「捏造」だろうか。

このことについては、二月一八日付『東奥日報』の記事が参考になる。

17　◎切断患者の絵画　師範学校の工藤氏の写生せしものにして、山本徳次郎の右の脚、水腫に罹り紫色に淡紅を帯び、小野寺佐平右の足これも腫れて淡藍色となり皮破れて骨顕はれ、阿部宇吉の右足は淡藍色に腫れ居り、三浦武雄の右足所々の皮破れ、小原忠三郎右足は淡紫に変じ、村松文哉は左手所々に淡紅の水腫れあり。小原忠三郎左手、小野寺佐平の右手、何れも変色しおり、一見、身の毛も慄《よだ》つばかりなり。

絵を見た記者は「ありのまま」だと思ったことだろう。誇張や捏造が施されたと思うだろうか。人の手を介したものであれ、写っているものが別モノでない限り、問題にはならない。許容の程度については受け取り方次第である。

先の「美談の写真」が問題なのは、写っている人物が別人ではないかという疑いがあるからだ。再現されたことに問題があるのではない。この点、相撲の水入り後の組み方と似ている。全く同じということにはならないが、程度については判断する者が認めればそれでいいのだ。ありのままでないという「虚構性を暴き、作られたものとして解体」する必要などないのである。

問題はむしろ、丸山の言う「ありのまま」にある。それは当人の次のような記述でわかる。

18　この写真が「ありのままの真実」ではなく、再現された死の姿を撮影した写真であることをどのように受け止めて論じればよいのだろうか。
──『日本学報二三号』八一頁

丸山の言う「ありのままの真実」は、おそらく「原初（オリジナル）」の意味なのだろう。だが、この「ありのままの真実」で論理を展開しようとしたことが間違っていたのである。なんとなれば、再現された場面を写しても、写真にはそういった再現された場面の「ありのままの真実」が写るからだ。このため、論文そのものがナンセンスになってしまった。

繰り返すが、原初風景であれ再現された風景であれ、写真に撮れば、その「ありのままの真実」が写るのである。問題は厳密に同一かどうかではなく、４「其儘の状態」と認めて支障があるかどうかなのだ。

現場を検証する

続いて、この「美談の写真」はどこでどのように撮られたのか、考えてみる。

まず場所だが、4を読んでもよくわからない。鳴沢のあたりで豊田捜索隊と馬渡捜索隊がある程度離れて捜索活動をしており、軽石は豊田捜索隊が、興津大尉と吉田は馬渡捜索隊が発見した。同じ二月一二日のことである。

一方、外谷写真班長は二月九日の夕方、青森に到着。翌一〇日から撮影を始めている。

「遭難隊捜索実施概況」（二月二三日付『東奥日報』に掲載）の二月一一日の項にはこうある。

19　午後四時三十分、陸地測量部写真班将校以下九名、第八哨所に到着す。

彼らのことは、二月一三日の『東奥日報』が次のように伝えている。

20　写真班の登山　陸地測量部より写真班長歩兵大尉・外谷鉦二郎氏は、技手二名を率へ、一昨日《ママ》来青。直に実地撮影として登山せる由なるが、昨日午前は非常の好天候なりし為め、多分撮影に従事し、且つ測量次第、地図も製作する筈なりといふ。

来青の日付に誤りがあるが、一二日の午前は「非常の好天候」であったため、撮影がはかどったことと思われる。今に残る遭難地の風景写真の多くはこの日に撮られたらしい。

上の写真もこの日のものだが、その解説文を次に読みやすく示す。

21　鳴沢全景其ノ一（樹木ノ大半ハ山毛欅《ぶな》ニシテ楢《なら》ヲ交ヘリ。各樹根ニ淡黒影ヲ呈スルハ風力強クシテ根部ノ雪ヲ吹掃フ為メナリ。又人影最モ多キ辺ハ興津大尉ノ死体発見ノ場所ナリ

「人影最モ多キ辺」が本当の「美談の現場」であったという。

写真ではわからないが、白一色の中、赤い旗が見えていたはずだ。二月四日付『東京朝

日』に、

22　捜索隊ハ総《すべ》て赤旗を用ひ、之を目標として運動し居れり。

とある。また、ラッパの音も聞こえていたはずだ。

23　数名の捜索隊は手に〳〵十能やうの道具を携へ死体のある処に着して四辺の雪を掻払ひなどし、充分に見届けたる上、一々喇叭卒をしてタ〳〵といふ譜を奏せしめ、次ぎから次ぎと検視を遂げ…

——二月二日付『時事新報』

外谷写真班長は、この撮影地点まで来ていたが、現場までは行かなかったらしい。しかし、丸山の見解は違っている。

24　第八哨所に遺体を収容してから撮影したのは、発見時に外谷大尉が近くにいなかったからというわけでもないようだ。なぜなら、『遭難写真』には興津大尉の遺体発見場所に捜索隊の人々が群がる光景を離れた場所から撮影した写真が収められているからである。

——「勇士の表象」（『日本学報』第二三号八一頁）

先の写真を見て、「行けたはずだ」と思ったらしい。

そうだろうか。

直線距離では近いように見えるが、途中に深さ不明の沢があるように思える。時間的な余裕があったかも不明だ。さらに、これが一番大事だと思うが、外谷写真班長は24「興津大尉の遺体発見場所に捜索隊の人々が群がる光景」かどうか、知るよしもなかっただろうということだ。

よしんば、現場に行けたとして、行ったなら写真班はその現場写真を撮っていたのではないか。それが彼らの本務だったはずで、撮らなかったとは到底思えない。撮っていて、それでも翌日第八哨所の前でもう一度撮影しただろうか。それも「捏造」を加えて。失敗でもしない限り、再現写真を撮る必要も意味もなかったものと思う。

外谷写真班は二月一二日には現場に行っていなかったと判断する。

勅諚下る

丸山の「勇士の表象」が発表された同年の一〇月、弘前大学の松木明知が『雪中行軍　山口少佐の最後』を出版したが、その二〇〇〜二〇二頁で問題の写真について論じている。松木は「ありのままの真実」かどうかについては言及せず、吉田ではなく軽石になったことを「誤り」ととらえ、

25　なぜこのような誤りが生じたのであろうか。それは「遭難始末」の編集者が陸地測量部が作成した写真帖の記述をそのまま採用したからである。

――二〇一頁

とし、『遭難写真』の説明文つまり8を掲げて次のように結論づけた。

26　間違いなく、「遭難始末」の編者はこの写真集の興津大尉と従卒の説明文を参考にして附録の冒頭に掲載したのである。

――二〇二頁

「附録」とは『遭難始末』の巻末に付けられた美談集のことだが、「間違いなく…説明文を参考に」したかはわからないのではないか。『遭難写真』の編者と『遭難始末』の編者がそれぞれ独自に当該関係者にあたって入手した情報かもしれない。

しかし、ともあれ一番大事なところは、『遭難写真』の説明文がなぜ、あるいはどのような経緯で「軽石」になったかにあるのではないか。

その『遭難写真』は、重さ五キロほどもある革表紙の立派な写真集だが、これについて、新田次郎はこう書いている。

27　小笠原さんの話によると、このたいそうな金をかけた写真集は、遺族の一軒一軒に配布されたそうである。当時の陸軍が、遺族たちにいかに神経を使っていたかが窺（うかが）われる。

――「私の取材ノート〈5〉」昭和四六年一〇月一七日付『読売新聞』

「小笠原さん」とは『吹雪の惨劇』を書いた「小笠原孤酒」のことだが、「遺族の一軒一軒に配布された」には疑問がある。というのも、明治三五年三月二〇日付で青森県の上北郡役所から三沢村役場にあてて出された次のような公文書「庶第四六二号」が現存するからだ（八甲田山雪中行軍遭難資料館蔵）。

28　過般陸地測量部班長外谷歩兵大尉撮影セシ雪中行軍隊遭難地及附近ノ写真ハ遭難紀念ト可相成モノニ付、此歳需用ニ応ジ特ニ調製スル趣其筋ヨリ申来候条、御齢内人民ニ於テ需用ノ向ハ其員数取纏メ、来ル此四月迄ニ当廰へ到達候様、御申越相被成度、別紙写真目録相添、此段及通牒候也。

そして添えられた「別紙写真目録」には「ブック製」つまり製本してある写真集が「拾五円」とある。一部に解読不明の箇所があるものの、そう確認できる。当時は米一俵が「四円九六銭」という時代であったから、米三俵分ほどの値段の写真集だったことになる。このほか、大型写真一枚が「弐拾四銭」、小形四枚貼が一枚「弐拾八銭」という値段であった。

この「写真目録」には次のような「追って書き」がある。

29　追テ、遭難遺族ヘハ該隊ニテ写真目録ノ内、五、六枚ヅヽ寄贈ノ予定ナル趣ニ有之候。

写真「五、六枚」の寄贈はあったらしいが、写真集の寄贈はなかったように思われる。遺族は、おそらくは寄せられた義捐金で購入したのではないだろうか。というのも、銅像茶屋に併設された「八甲田山雪中行軍記念館」に遭難者・三浦武雄の父徳三郎が写真帖の予約代金「拾四圓」を払ったという「受領證」が残されているからだ。日付は「明治三十六年二月廿日」。遺族ということで豪華版が一円安いのだろうか。それにしても、日付が一年ほど遅れているのが気になる。

さて、28の「別紙写真目録」には第一号から第四十号まで番号が振られ、それぞれの写真の題が記されている。ただし、写真の見本はない。また、第廿八号から第卅一号までの四枚の写真がいずれも「鳴沢ノ光景」なのであり、これでは注文しにくいと思うが、最終の第四十号がこうなっている。

30　興津大尉及軽石三蔵死体現状

この第四十号が「美談の写真」なのであろう。「別紙写真目録」には「尚ホ写真ニハ明細ナル説明ヲ附ス」という添え書きがある。その「明細ナル説明」が30の場合、8なのだろう。

以上の特に28により、一般人でも『遭難始末』が出版された七月より前に、この「美談の写真」を見ることができたと判明した。

吉田春松の家ではこの豪華な写真集を購入しただろうか。あるいは、29のように「五、六枚」程度の寄贈を受けて満足しただろうか。そして、その中には、第四十号の写真が含まれていただろうか。含まれていたとして、遺族はどんな思いでその写真を見ただろう。

外谷写真班長が撮影した写真が第五聯隊に届いたのは、既述のように三月五日のことらしい（7参照）。天覧を経たのは間違いなく、その際の説明文に〃誤り〃があったのだろう。しかし天覧後にそれを訂正することなど出来るはずもなく、それが謂わば「不磨の勅諚」として動かぬものとなったのではないか。

このことにつき、誰がいつ、どこでどのように誤ったのかは想像するしかない。本書の著者は、捜索隊が弘前第三一聯隊の将卒であったことが関係していたのではないかと考えている。

偽善は正当化されるのか

二月一二日、宿舎である第八哨所に外谷写真班が戻って来ると、今日鳴沢で感動的な光景を見たという話題が持ち切りだったことだろう。遺体の運搬には時間がかかることから、おそらくこの二遺体は遅れて到着しただろうが、すぐさま人だかりが出来たのではないか。なにしろ、2「見る者潸然涙を揮はざるものなかりき」という有り様だったのである。そして「誰が大尉をどのように」

ということに焦点が当てられたものと思われる。論功行賞がいい加減では軍隊は成り立たない。外谷写真班長はこれを撮影し天覧に供することを考えた。しかし、暮れ方にあっては光量が足りず、この日は撮ることが出来なかった。

翌一三日、今に残る「美談の写真」が撮影された。場所は第八哨所前、おそらくすぐ近くで、高低差を利用して撮られたものだろう。カメラ側が一メートルほど高く、そこに三脚を据えて俯瞰するようにレンズはやや下向きにされた。レンズは標準レンズ。二遺体の重なり具合は昨日の現場を知っている者に任せたと思われる。

こうして再現写真は撮られた。

この写真は「捏造」だろうか。「虚構」だろうか。「解体」されてしかるべきものだろうか。

違う、と思う。

外谷は本当ならば現場写真を撮りたかったのだろう。できれば「本物」を撮りたかったと思われる。だが、撮れなかった。再現写真はやむなく撮られたのだろう。そのとき外谷はなるべく忠実に写真にとどめようとしたのではないか。天覧に供するため美談を粉飾しようなどとは考えていなかったのではないか。そのままを目指した、という気がする。

しかし、全く反対の考えを持つ者もいる。

31 写真は最初から天皇への叡覧に供するために撮影されたのであり、この目的を果たすためならば、それが再現によるものであることはさして重要ではない。興津大尉に殉じ介抱しながら死んでいった兵士の姿とその忠節を表現していることこそが重要だったのである。

——『凍える帝国』一六九頁

32 ただの兵卒である吉田から、かつての従卒である軽石になることによって、美談としての完成度をより高めているといえるだろう。

——同　一七三頁

要するに、美談の完成度を高めるため「勇士」が入れ替えられた、と丸山は言いたいのである。そうか。

だいたい、「ただの兵卒」から「かつての従卒」に代えたところで、どれだけ美質が向上したのだろう。

それに、誰が功を挙げたかは軍人の重大関心事であったはずだ。先述の「論功行賞」である。多くの捜索隊員が現場にいて見ていたはずなのであり、そこでゴマカシは効くだろうか。むしろ、リスクの方が大きいのではないか。なにしろ、捏造は天子を欺く行為だからだ。

軍人は悪人なのだろうか。丸山の頭には「軍人性悪説」といった先入観が刷り込まれているのではないか。偽りの善は、あってしかるべきものだったのだろうか。

外谷が撮った「美談の写真」は今もなお見る者にある種の感動といったものを与えていると思うが、その写真に表象された「忠節」は故意に演出されたものだったのだろうか。

丸山は、天覧のためであれば偽善も正当化されるように書いているが、それでは、16「宮本侍従武官の依頼にて師範学校長の命に依り、…冷傷兵士等の手足を悉く写し取」った青森師範学校の工藤はどうだったか。悲惨さを強調しただろうか。17「身の毛も慄つばかり」に演出しただろうか。彼が絵筆を揮った三浦武雄の左足は着色されたが、脚色はされなかったのではないか。「忠節」ぶりがより鮮明になるよう、誇張されたのだろうか。壊死は擬装されたのか。本書の著者は、工藤は症状を「ありのままに」写し取ろうとしたものと思う。であれば、外谷も同じではなかったか。

工藤も外谷も、虚心に被写体と向き合い、職務を忠実に遂行しようと努めたのではないだろうか。どう思うかは自由である。しかし、外谷だけが意図して偽善をなしたと判断できるだけの材料が見当たらないのである。

美談たらしめるもの

『凍える帝国』一六一頁にはこうある。

33　軽石を勇士たらしめるために作用しているのが凍死という死の「異常さ」である。

丸山は凍死を変死と見ている。そして当時の新聞に載った凍死体の描写を複数掲げ、こう続ける。

34 凍死というグロテスクな死の姿は、ともすれば大量の死者を生み出す雪中行軍を実施した軍隊に対する恐怖へと容易に転化する。だが、その死の「異常さ」こそが美談へと昇華する契機となる。そのなかでもクローズアップされていったのが、軽石の死の姿だったのである。

「軽石」の姿は美事のために瞠目されたのであり、「凍死というグロテスクな死の姿」のために「クローズアップ」されたのではないのではないか。

凍死は異常な死なのだろうか。死は非日常的なものだから「異常」と言えば異常だろうが、他の死と較べて取り立てて「異常」というほどのものだろうか。

次の二つは『東北新聞』に紹介された凍死兵の死状である。

35 凍死者は楤《たら》の如くに凍りて、其着服を取らんとすれば肉まで附着して容易に取れず。従て何の誰なるやも分らざるもの多し。(二月四日)

36 嗚呼悲惨　田茂木野営所より四里に於ては生死体を暖めつゝあるが、其死体の様は実に悲惨の極みなり。死亡兵士は直立したるまゝ身体皆氷にて包まれ、恰《あたか》も餡圍《あんくるみ》の如く、面部も手足も磨《すり》硝子《ガラス》様の氷に覆はれ不透明となり、微かに肌体を見得るのみ。砂糖包の人形に異ならず。外套

より手足を強く動かせば直に折れ、又氷を強く裂かんとすれば肉を破る。（二月五日）

文中、「悲惨」とあるが、凍死体とはこういうものであろう。むしろ、「惣」だとか「餡圍」、「砂糖包の人形」などと譬《たと》えたところに「グロテスク」とは違ったものを感じるが、どうだろう。いずれにせよ、厳寒の冬山で死ぬとなれば、凍死が最も通常の死に方ではないだろうか。こんな死に方は「異常」だろうか。

一方、丸山は広瀬中佐の「二銭銅貨の死」を持ってくる。この広瀬は日露戦争の旅順港閉塞作戦で退却した時、逃げ遅れた部下を捜しているところを砲撃され「二銭銅貨大の肉片」のみを残して壮烈な戦死をしたのである。丸山は、「犬死」という他人の言説を借り、耳目を引いた衝撃的な死に方こそ軍人の鑑だとし、それに熱狂した民衆は、逆に「変死への欲望」があるかに書く。そしてこう説明した。

37　日露戦争での軍神広瀬中佐と杉野上等兵曹の美談は、その二年前の八甲田山雪中行軍遭難事件での興津大尉と軽石の美談と、構造がよく似ている。上官と部下の立場が逆転しているとはいえ、一方が自らの命をかけてもう一方を守ろうとした点で同じ形をとっている。軽石の死も、興津大尉と結び付けられて説明されなければ、ただの死にすぎない。

――『凍える帝国』一六一頁

美談の構造について述べているのだが、爆裂した「二銭銅貨の死」と、「死シテ猶上官ヲ庇護ス」という「自己犠牲」は、ちょっと話が違うのではないか。

広瀬の場合は、生身の人間が「一片の肉塊」を残して散華したその例えようもない惨たらしさが社会を震撼させたのであって、別に部下を迎えに行かなくとも作戦行動中であれば同等またはそれに近い評価を得たと思われる。この美談は、退避の遅れを正当化する働きをしているのは確かだが、広瀬はその死に様で知られたのであり、部下への愛情という美談は二義的なものではなかったか。それに、「犬死」という言葉には主観的な価値判断が入っている。

では、「死シテ上官ヲ庇護ス」の場合はどうか。

丸山は、33「軽石を勇士たらしめるために作用しているのが凍死という死の『異常さ』である」としているが、それは違う。この話を美談たらしめているのは、命がけで上官を庇護しようとした3「吉田一等卒の」「余まりのいぢらしさ」であったはずだ。「死シテ」の「死」が凍死の時だけ特別な力を発揮するとはいえまい。

丸山は「変死」をもってこの二つの話を関連づけようとしたが、それは成功しなかった。自身、37「軽石の死も、興津大尉と結び付けられて説明されなければ、ただの死にすぎない」と書いていたではないか。

写真は語らず

本書の著者は、3や4を信じたい。というより、信じている。著書『雪の八甲田で何が起ったのか』の「美談の真相」の項は、真の勇士・吉田春松を顕彰するために書いたのである。そして、本項も同じ気持ちで書いている。人違いは、おそらく翌日、第八哨所の前で再現写真が取られた際、顔と名前が一致しない弘前第三一聯隊の兵士たちによってもたらされたものではないか、と考えた。

つまりは写真の人物は軽石であって、これが本来の勇士ではないと見たのである。実際、資料館などでは軽石だと説明している。その根拠は8だろう。

しかし、「美談の写真」の勇士が軽石だとしているのは8しかないのである。人物が取り違えられ、軽石が図らずも虚名を釣ったと考えていたのだが、本当にそうだったのか。

あの日、発掘された時に見つかった兵士は吉田と見て間違いあるまい。軽石だとする資料は今のところ何一つない。おそらく、遺体には荷札のようなものが附けられ、同時に捜索隊が帳面か何かに記録した。いつ、どこで、誰が、何を、どのように見つけたかが記された。遺体は橇に乗せられ、第八哨所へ運ばれた。これが何時なのかはわからない。

逆に第八哨所では係の者が遺体とそれを同定する伝票のようなものを受け取ったと思われる。そして受領したことが哨所員によって記された。

第八哨所という所は、記録にはこうある。

38　第八哨は方二十間程の広き一室に屍体を収容し、別に医務室の設《そなえ》あり。

——二月四日付『時事新報』

ここで検視が行なわれた。医学的検査もさることながら、当該死体が誰なのかを調べようとしたはずだ。おそらくは、35や36のように困難であったと思われる。ただ、衣服を着ていさえいれば、階級はわかったのではないか。下士と卒は一目で判別できるようになっていたはずだし、卒にしろ、星の数で一等か二等かがわかったはずだ。

この日、第八哨所では美談の話が出たに違いない。外谷写真班長はともあれ評判になった名場面を写真に撮り天覧に供しようと決意した。

翌一三日、朝食後、前述のように死体を運び出し、しかるべき所にセットした。こうして撮影したと思われるが、この作業の中で人違いが生じるだろうか。前著『雪の八甲田…』では哨所に詰めていたのが弘前から援助にやって来た第三一聯隊の士卒だったから、2「多分従卒にはあらざるかと思はるゝ」ため取り違えが生じたのではないか、と推定した。

しかし、人物の同定が済み、認識票が附けられると、間違いが起る可能性は相当に低くなるのではないかと思われる。間違えないための措置がなされたはずだからである。ということは、きちんと同じ人物が写っている可能性が出てくる、というより、高い。遺体の取り違えなどなく、むしろ当該写真に説明文を附けるにあたって書かれた原稿に正しくない人物名が記された、ということになろう。問われた者が間違えてそう答えたのではないか。

ここで二九九頁の写真をご覧いただきたい。そしてその解説文に注目されたい。

39 「鳴沢附近に於る大尉興津景敏及二等卒軽石三蔵屍体発掘当時の光景」

「引用符」があるが、典拠が示されていない。しかし、読者はこれが「発掘当時の光景」だと信じたことだろう。場所は「鳴沢附近」で、写っているのは「大尉興津景敏及二等卒軽石三蔵」だと思ったに違いない。なぜなら、そう紹介されているからだ。

写真の内容について知るのは、その説明文からである。

われわれは非常に従順に、ほとんど何一つ疑うことなくその文章を信じる。それは、写真につけられた説明は真摯で信ずるに足るものであろうという漠然とした、しかし根拠のない信頼にほかならない。いわば性善説に拠っているのだ。

おそらく、二九九頁の写真を示され解説文を読めばその通りに信じるだろうが、その写真を掲げた者から、11「写真は『ありのままの真実』を写すものであるとする、言うならば写真の真実性への信仰」があったでしょと言われても、いい面の皮である。

写真は語らない。どう説明するかだ。

問題があるとすれば、それは説明が読む者を裏切っているのだ。二九六頁の「美談の写真」の中に説明文まで入れた理由がおわかりだろう。写真には「ありのまま」が写るからだ。

あの場面、どちらも吉田だったのではないか、という気がする。

しかし、8があって、そこに「軽石三蔵」とあったため、「軽石」ということになったのだろう。ただ、それが正しいかどうかの問題ではない。
歴史は権力が採用した説で綴られるのである。

エピローグ

もう一点。『凍える帝国』一五二頁から引く。これとほぼ同じ記述が「勇士の表象」の六七頁にあるが、二月一二日に発掘された遺体について。

40
> 遺体はのちに軽石三蔵という名の二等兵だとわかった。軽石の遺体は、興津景敏大尉の側にあった。（中略）
> 捜索隊に発見された軽石は、銃を傍らに置いて興津大尉の足下に座っていた。その姿は、まるで死してなお興津大尉を介抱しているかのようだった。捜索隊の兵士たちは、軽石の姿を見て、興津大尉を介抱しながら、その死に殉じて凍死し、さらに死してもなお看護している姿だと考えた。感動のあまり見る者はみな涙を流したという。

これはどうか。「軽石」としていいのか。当局の説明の請け売りではないか。

丸山はこう説明する。つまり、もう一つの資料「陸軍省が作成した捜索実施状況の記録」に、「朱筆」で次のように附記されていたとしている（『凍える帝国』一七一頁）。

41　此兵卒ハ従卒ニアラズシテ第六中隊（興津大尉ト同中隊）二等卒軽石三蔵ナルコト判明セリ。

これによって軽石であることが「判明」した、というのだろうか。

違うと思う。

41でわかることは、「判明セリ」と書かれているということた。これは当局の「言い分」に過ぎず、こう片が付くことになった、という話なのだ。「朱」に目を奪われてはならない。

結局、「変死への欲望」とか「美談の完成度を高める」などと長広舌を振るっても、41で事足りたのである。それに、権力側の記録（公文書）にあるからといって真実とは限らない。「都合」というフィルターを通った話なのである。

丸山はこうも書いている。

42　何のために死ななければならかったのか理由がつかない死を、名誉ある死にするのが美談である。

――『凍える帝国』一五九頁

つまり、義のない戦争を美化して正当性を与える、そんな無分別な世の成り立ちを糾弾しているのである。実に進歩的だ。

しかし、死の評価にしても様々あり、そう単純なものではない。

すでに記したが、広瀬中佐は、部下を捜索中でなかったら、同じ「二銭銅貨の死」でも「何のために死ななければならなかったのか理由がつかない死」だったのか。「軍務遂行のために捧げられた尊い犠牲」という見方もあろう。独善は説得力を持たない。

続いて、後日談となるが、次の二例を紹介したい。いずれも興津大尉について。前者は一月三〇日付『東奥日報』号外の「門司少佐の談話」から、後者は二月一九日付同紙の「遭難彙報」より。

43 ▲沖津《ママ》大尉の家族に面して心胆を貫かれた。余の姿を見るや否や、頑是《がんぜ》ない子供がいきなり小躍りしてヤア他のおぢさんが帰て来たから僕のおとつちやんも今に帰て来るよ、と喜びださるを見たので、何も角《か》も胸が一ぱい張て言ふべき声も出なかつた。それに▲沖津の奥さんは、行衛不明と云ふのですが、何《どう》したものやら分かりませんが、未だ望みのあるやうに言ておられた。而《し》かし余は大概は知つておるので何とも言ひ様に苦しんだ。

44 ◎遺子の歌に将校の涙　八甲の颪《おろ》しに恨を遺して死せし興津大尉の子息・敏教とて今年十三に

なれるが、父が不幸にも雪に斃れしは残念なりとて、

西比利亜《シベリア》の野辺に屍《かばね》をさらす身の

甲田の山に埋もるゝとは

との一首の歌をものして古閑中尉に寄せられたる由にて、その時そこに集まれる将校の二、三人ありしが、流石《さすが》に父の子として子供心にまでかくは思ひ居るよとみな〳〵涙に袖をぬらせしとぞ。

この興津大尉を庇護した「美談」については、すでに述べた通りである。しかし、かくいう本書の著者も、8の説明文に引きずられ、第一作『雪の八甲田で何が起ったのか』（二〇〇一年刊）の二〇一頁で例の「美談の写真」を用い、その解説文に「興津大尉と軽石二等兵」と書いた。これについては、その新版（二〇一五年）で「興津大尉と一兵卒」に変えたことを率直に記さなければならない。当局が何と言おうと、軽石だとは断定できないのである。

本書においては、吉田こそ「美談」の主であり、写真の主も吉田であった可能性を指摘したい。前著『雪の八甲田…』では、ここまでは気付いていなかった。ただし、写真の主はともあれ、たしか平成一二年（二〇〇〇年）の冬だったと記憶しているが、吉田の地元紙『岩手日報』に手紙を送ったことを思い出す。つまりは、この「美談」の主は実は吉田だったのではないか、そして本当の勇士を顕彰すべきではないかと記し、昔の住所ながらそれを添えて送ったのだが、残念なことに返答はなかった。もう一五年も前のことだが、実は今もって、その返事は届いていないのである。

あとがき

本書は、著者第二作『後藤伍長は立っていたか』の続編ともいうべきもので、各論から雪中行軍の事件に迫っている。ただし、論文調といった書き方ではない。むしろ、エッセイといった調子だろうと書いた本人は思っている。そのため、学術的な印象はないだろうが、それもそのはず、学者の論文のようには書くまいと思っているのだから当然のことだ。では、なぜそう書かないのかといえば、「学者の分別語りはつまらないから」と答えよう。彼らは「いっぱしの言説」を吐き、「ひとかどの学者」たらんとする。読者はそういった「語り」を期待しているのではないだろう。

面白いのは事実である。事実こそ面白い。そこに驚きがあり、疑問が湧き、それを解こうと考えを巡らせるところに妙味があると思う。今まで見えなかったことが鮮明に見えてくるその時こそ「知る喜び」なのだと思う。一方、既定の事項を捏ねくり回し、自分勝手な御託を披瀝するのには辟易させられる。漢語やカタカナのこむずかしい専門用語を次々に繰り出し、後ろに注を無分別に並べて学者風情を気取っても、それを評価するのは同類くらいのものだろう。普通一般の人に読んでもらえるよう配慮しなければ、それは同好の徒の遊戯にすぎない。

このような考えから、本書は高校を出た人であれば誰でも読めるように書いた。しかし、いかんせん明治時代のことだけに、資料を示すにしても文語調のものがほとんどである。慣れないうちは読みにくいかもしれないが、興味さえあればそれほど敬遠するほどのものではないと確信している。事実、本書の著者は歴史を専攻した者ではなく、ましてや文語文の専門家でもない。在野の一個人である。しかし、いやだからこそ、一般の方々に読んでもらえるように心がけた。昔のこと、古いこととはいえ、毛嫌いすることなく読み進めてもらいたいと思っている。

さて、第一章では、謎の資料とされてきた「驚愕子」の『青森聯隊第二大隊雪中凍死始末録』に取り組んでみた。すると、「録」という通り、当時の新聞や小冊子に載ったような内容である。すぐに二次資料だとは気付いたものの、どうしても地元ならでは、あるいは内部事情を知らなければ書けないような記述があって、「驚愕子」は第五聯隊の将校クラスの軍人で、事件後、松江市に転属された者であろうとは思った。しかし、新聞記事と比較対照していく中で、次第にその真実が見えてきた。そのきっかけになったのは次の箇所である。文中の「三本木へ向かう予定」というのは他には見られない大きな特徴であった。上が『…始末録』、下は一月三〇日の『東京朝日』。

・第二大隊より選抜したる将校下士卒及び各大隊の（第五聯隊の）長期下士三十五名総員二百十一名の行軍大隊を編成し、大隊長山口鉞

第二大隊より選抜したる将校下士卒及び各大隊の短期下士三十五名を以て行軍大隊を編成し、大隊長山口歩兵少佐之れが指揮官となり、

之が指揮官となり一月二十三日午前七時に某営所を出発したり。其行程は五里半を距る田代温泉場に至りて一泊し、夫より三本木野に出でゝ翌二十四日帰営するの予定にて…

二十三日午前七時、営舎を出発したり。行程は八甲田山麓なる田代村に至りて同所に一泊し、夫より三本木に向ふ予定にて…。

多少の違いはあれ、この類似で確信した。そして、百十数年の時空を越え、驚愕子が見たものと同じ文章を目の当りにしたことに言いようのない感慨を覚えた。歴史が短絡したような気がした。とかく新聞などの民間の資料を低く見る風潮が特に学者一般に見られるが、そうした偏見があったため今まで解明されなかったのだろう。「官尊民卑」には断乎反対する。

ここで附記するが、『…始末録』に関わる資料については、松江市の成相寺住職池本智城氏から提供を受けた。謝意を表したいと思う。

また、『奥の吹雪』が結局は新聞資料を利用したものであることは間違いないと思う。当時の新聞の該当部分を四例示したが、中原は青森にいたからには地元の『東奥日報』を読んでいた可能性が高い。では、この四例は同紙の何日号かといえば、第二例が一月二九日号、その他は倉石大尉と長谷川特務曹長の遭難談であり、これは二月八日の「幻の東奥日報」に載っていたと思われる。

第二章は、その「三本木へ抜ける説」についてである。一日分の糧米しか携行していないのに、なぜかこの説を唱える人はなくならない。ちなみに第五章で取り上げた丸山泰明もこの説である。

同人の「勇士の表象」（『日本学報』第二三号の六七頁）にこうある。

・歩兵第五聯隊の雪中行軍隊二一〇人が青森から三本木（現在の十和田市）まで八甲田山を通って雪中行軍をする二泊三日の演習に出発した。

第三章では、俗説を振りまいていたのが他ならぬ青森市であったことを記した。講演会で資料を示して力説しても、まるで聞き入れない者がいることも示した。おそらくは、この著者はクレーマーだと思われただろうが、後半の青森市長の執拗さは想定外であった。事実、こうして本に取り上げるのは多少の抵抗もあった。しかし、実はこのやりとりを知ったある関係者が「あれでは回答になっていないでしょう」と漏らしたことに後押しされたのも事実である。よって、役所の回答がこれではいかん、という率直な思いから、一罰百戒の思いを込めて世間にそのまま公表することにした。いい加減な回答には「決して黙らぬ」者がいることを、役人はきちんと認識すべきである。

第四章は「なくもがな」の努力ともいえよう。ただの推理なのだから外れる可能性ももちろんあり、いわゆる名を惜しむ権威は踏み込まない領域なのだろうと思う。そんな中、あえて首を突っ込んだのは、地元紙『東奥日報』が報道合戦で見事な役回りを演じたことを実感したからで、それを逆手に取って未発見の紙面を探ってみたものである。と同時に、「幻の東奥日報」というのは過ぎた表現であって、ましてや「没収」だの「発行停止」だの、そして不都合なことを削除させたり書き換えさせたりするような「検閲」などはなかった（少なくとも現在までのところ）ことなのに、そうしたことを臆面もなくあったと書き記す者たち、それも学者や役人がいることを批判した。

最後の第五章は、いわば「反論と批判」である。誤解に基づく批判をされたことを読者に伝えるとともに、該説の無理を示し、ひいては「真の勇士」吉田春松一等卒を顕彰しようというものである。公文書にある記述を無批判に受け入れるその姿勢にも疑問を投げかけた。これではまるで御用学者である。公私に関わらず、資料一つでは「その可能性がある」という程度にすぎない。

なお、関係資料を調べているうち、次の二点に気付いた。

一つは、「勇士の表象」（『日本学報』第二三号八五頁）にある次の記述。

・本稿において「英霊」を用いないのは、田中丸勝彦が検証しているように「英霊」という呼称が用いられるようになるのは日露戦争以降であり、実際事件当時は「英霊」と呼ばれてはいないことによる。（田中丸勝彦「『英霊』の発見」『さまよえる英霊たち』柏書房、二〇〇一年）

こうあるのだが、その「さまよえる英霊」を発見したのである。明治三五年二月一六日付『東奥日報』第二面にこうあった。

・本派本願寺の追悼法会　今回、雪中行軍凍死の悲報本派本願寺法主の耳に達するや、…

…同派にては更に凍死軍人の英霊と遺族諸氏の精神を一日も早く慰藉せん為めに……

「英霊」がさまようことなく成仏するよう願うばかりである。

もう一つは同人著『凍える帝国』一六二頁。

・一九一二年からは振天府の見学が許可され、その後ほかの御府も見学が許されている。

これには注があり、「木下直之」という人の調べらしいのだが、明治三五年(一九〇二)二月八日付『国民新聞』第三面には次のように記されている。

・振天府拝観　七日拝謁並に賢所参拝被仰付たる海軍中佐茶山豊也氏以下の海軍士官及び少尉候補生等は、同日午後一時より岡沢侍従武官長の案内にて宮中振天府の拝観差許されたり。

特に意識することなく目に入ったのだが、学者のやることにもいい加減なものがあるということを知った。この振天府に〝人違い〟で軽石三蔵の銃が納められたということから、拙著『雪の八甲田…』二〇四頁で「何のための施設だったんだろう」と疑問を呈したのである。どんな施設なのかを知りたいというより、その意義を問うたのであった。

ここで附記することがある。

第五章、43で「頑是ない子供がいきなり小躍りしてヤア他のおぢさんが帰て来たから僕のおとつちやんも今に帰て来るよ、と喜びださる」という記事を紹介したが、これがどうも怪しいのである。二月一日付『山形新聞』には興津大尉の家族が次のように紹介されているからだ。

・大尉興津景敏氏は熊本市京町二丁目二百八十三番戸に籍を有し、安政四年二月生れなり。家族は夫人トメ子（慶応三年三月生）、長男敏雄（明治十二年六月生）、次男光（明治十九年四月生れ）、三男敏教（明治二十一年十月生）。明治三十三年四月任に赴く。

ということは、44「興津大尉の子息・敏教とて今年十三になれる」が末子なのであり、つまるところ、門司少佐が見た「頑是ない子供」は、どうやらよその子だったらしいのだ。

思うまま気が付いたことを数点あげたが、本書成立にあたっては、北方新社、工藤慶子さんの手をわずらわせた。また、拙著第一作『雪の八甲田…』出版に際し、格別な取り扱いをしていただいた同社の二部洋子さんがこのほど退任されるということで、心より感謝申し上げたいと思う。ご厚意がなかったなら、第一作はもとより、以後続編を数冊出すことも出来なかったに違いない。お目に叶ったことを率直に喜ばしく思っている。

ただ、残念なのは、青森の事件につき、青森の人間が青森の出版社からこうして社会に向けて発信しているものの、これを地元青森の新聞社が伝えてくれないことだ。

読者には知る権利がある。別にほめてくれなくても構わない。ただ、今度このような本が出たという事実だけでも読者に知らせてもらえたらと思うのだが、第二作・第三作とも、ただの一文字も青森に本社のある地方新聞社は記さなかった。こんなに雪中行軍に関心がないとは思わなかった。実に残念である。特に、第二作『後藤伍長は立っていたか』（増補改訂版）については、「まえがき」にも記したように日本図書館協会の選定図書に指定されたのである。地方紙が地方出版物に冷淡であれば、その新聞を見る目も変ってきてしまう。どの記事を載せるかは自由裁量のうちと言われればその通りだが、どの新聞を読むか、あるいは全く読まないかも同じである。インターネットというメディアがますます幅をきかせ、新聞離れが加速している今、地方紙がどう対処すべきか、真剣に考えるべきではないだろうか。後悔先に立たず、である。

少しばかり苦言を呈したが、本書の成立にあたって関係各位からいただいたご協力に対し深甚なる感謝を捧げるとともに、ここに拙句を掲げ、筆を擱くことにする。

碑に雪降り積むや八甲田

平成二八年一月二九日

川口　泰英

参考にした新聞資料

『東奥日報』（1／29～現在）
『東京日日新聞』（1／30～2／12）
『報知新聞』（1／28～2／28）
『読売新聞』（1／30～2／7）
『国民新聞』（1／30～2／28）
『二六新報』（1／30～2／10）
『河北新報』（1／28～2／20）
『奥羽日日新聞』（2／1～2／9）
『岩手毎日新聞』（2／1～2／11）
『福島民友新聞』（2／1～2／8）
『秋田魁新報』（1／30～2／8）
『東京朝日新聞』（1／21～3／17）
『時事新報』（1／21～2／15）
『萬朝報』（1／30～2／4）
『中央新聞』（1／29～2／28）
『日本』（1／28～2／11）
『中外商業新報』（1／30～2／8）
『東北新聞』（1／29～2／9）
『岩手日報』（1／29～3／8）
『福島新聞』（1／30～2／7）
『福島民報』（2／2～2／16）
『山形新聞』（2／1～2／8）

著者略歴

川口泰英（かわぐち・やすひで）

昭和33年（1958）、弘前市生まれ。団体職員。
現住所　弘前市田町2-2-4
著　書「雪の八甲田で何が起ったのか
——資料に見る“雪中行軍”百年目の真実」（北方新社）

「後藤伍長は立っていたか
——八甲田山“雪中行軍”の真相を追う」（北方新社）

「知られざる雪中行軍
——弘前隊、二二〇キロの行程をゆく」（北方新社）
ほか

雪中行軍「驚愕」の事実
——未曾有の大惨事はどう伝えられたか

2016年2月23日初版発行

著者・発行者　川口泰英

印刷・製本　小野印刷所

販売　北方新社
〒036-8173 弘前市富田町52
TEL 0172-36-2821

ISBN978-4-89297-227-0 C0095

著者既刊

雪の八甲田で何が起ったのか〔新版〕

――資料に見る〝雪中行軍〟百年目の真実

本体2000円＋税

明治35年、死者一九九名という大惨事が八甲田山で起った。小説・映画が加えた〝創作〟を取り去り、徹底した資料主義でその真実の姿を明らかにしたノンフィクション。四六判／296頁

後藤伍長は立っていたか〔増補改訂版〕

――八甲田山〝雪中行軍〟の真相を追う〔日本図書館協会選定図書〕

本体2300円＋税

後藤伍長は仮死状態ながら立っていた…この定説は本当か？　弘前隊は青森隊の遭難現場を素通りしたのか？　責任者の薬殺処分はあったのか？　など、多くの謎を解き明かす。四六判／346頁

知られざる雪中行軍

――弘前隊、二二〇キロの行程をゆく

本体2300円＋税

無事八甲田越えを果たした弘前隊。その成功の陰には地元案内人の命がけの貢献があった。青森隊の悲劇に隠れ、今まで知られることのなかった弘前隊12日間の雪中行軍に迫る。四六判／386頁

北方新社　〒036―8173　弘前市富田町52番地　☎0172―36―2821